JULIUS ROBERT MAYER

SEINE KRANKHEITSGESCHICHTE UND DIE GESCHICHTE SEINER ENTDECKUNG

VON

Dr. ERNST JENTSCH

BERLIN
VERLAG VON JULIUS SPRINGER
1914

ISBN-13: 978-3-642-47200-8   e-ISBN-13: 978-3-642-47542-9
DOI: 10.1007/978-3-642-47542-9

Vorwort.

Robert Mayers Theorie der Mechanik der Wärme ist unbestritten eine der glänzendsten naturwissenschaftlichen Errungen-
schaften des letztvergangenen Jahrhunderts gewesen, und zwar
hat sich nicht nur die Aufstellung und die Darlegung der Grund-
prinzipien, welche bereits ebenso von verschiedenen anderen Seiten
in Angriff genommen war und auch ohne Mayers Arbeit durch
die vereinten Kräfte dieser anderen Forscher erreicht worden
wäre, als eine kapitale und fruchtbringende Tat erwiesen, sondern
es ist namentlich auch von den Fachkundigen anerkannt worden,
daß die Grundgedanken der Lehre von keinem dieser übrigen
ursprünglichen Mitbegründer so präzis und so allgemeingültig gefaßt und diese selbst von keinem so konsequent und vielseitig
weitergeführt worden ist, als von Mayer, neben dem auch von
den andern Bearbeitern des Problems beinahe nur noch Helmholtz genannt werden kann. Dies hängt nur zum Teil damit zusammen, daß Mayer als Arzt eher und besser ein Urteil über die
Bedeutung seiner Resultate für die organische Welt gewann.

„Daß Sie in einer kleinen Provinzialstadt und in Anspruch
genommen von den Obliegenheiten Ihres Berufs", schrieb Tyndall, Professor der Physik der „Royal Institution", am 11. Januar
1866 an Mayer, „allen anderen so weit vorausgeeilt sind, ist für
mich erstaunlich. Ich kenne keinen ähnlichen Fall in der Geschichte der Wissenschaft."

Was den britischen Anhänger und Verehrer Mayers, der der
erste Ausländer war, welcher begeistert und rückhaltlos für ihn
eine Lanze brach, bewegte, drängt sich bei der unverminderten
Bedeutung des Meisters heute immer wieder dem wissenschaftlich Strebenden, ja oft schon dem Neuling auf, wenn er den
Namen Robert von Mayer aus Heilbronn das erste Mal in Schule
oder Hörsaal vernimmt.

Es sind vornehmlich zwei Quellen, die uns über das Leben und
das Schaffen des Entdeckers genauere Auskunft gegeben haben.
Die eine geht zurück auf Gustav Rümelin, einen Jugend- und

Schulfreund Mayers, späteren Kanzler der Universität Tübingen, welcher seine biographischen Aufzeichnungen über Mayer in seinen „Reden und Aufsätzen" zusammengefaßt hat. Rümelin gibt eine anschauliche, in warmer Bewunderung gehaltene Schilderung seines einstigen Spielgefährten, welche die beste und wichtigste Darstellung über Mayers Jugendjahre enthält. Da er aber in den späteren Jahren immer weniger mit ihm in Berührung kam, so sind seine eigenen Mitteilungen über diese fernere Zeit spärlicher.

Das wichtigste und umfangreichste Material über Robert Mayer verdanken wir Professor Weyrauch in Stuttgart, welcher 1893 die neue Auflage von Mayers „Mechanik der Wärme" besorgte und mit dieser damals eine Reihe kleinerer späterer Arbeiten Mayers über verschiedene Themen vereinigte. Die Aufeinanderfolge dieser Abschnitte ist umkleidet von einzelnen literarisch-historischen Mitteilungen über Mayers Lebensgang, welche nicht eigentlich biographisch, sondern mehr referierend gehalten sind. Diese Sammlung hat der Autor sodann durch einen weiteren Band „Kleinere Schriften und Briefe von Robert Mayer nebst Mitteilungen aus seinem Leben", Stuttgart 1893, ergänzt, in welchem er außer einigen weiteren noch wenig bekannten oder nicht veröffentlichten Aufsätzen Mayers auch viele seiner Briefe, seine erhaltenen Briefwechsel, autobiographische Skizzen, sein Reisetagebuch und mancherlei weitere Beiträge zur Lebensbeschreibung, auch über die Erkrankungen Mayers, zusammengestellt hat. Dieses verdienstvolle Sammelwerk wird immer die erste Quelle zur Entnahme von Material zu biographischen Studien über Mayer bleiben. Zur Orientierung im speziellen ist es aber zu unübersichtlich. Das archivmäßig Unzusammenhängende des Inhalts, seine registrierende Form und das unterschiedslose Nebeneinanderstellen sehr verschiedenartiger und verschiedenwertiger Einzelheiten, was alles durch den Plan der Sammlung gegeben ist, bringt es mit sich, daß der Leser, der nicht bereits selbst den Stoff durchdrungen hat, dadurch kein bestimmtes, deutliches psychologisches Bild erhält, auch dort, wo der Text keiner anderweitigen Ergänzung oder Vervollständigung bedarf.

Seit dieser Zeit haben noch eine Reihe anderer Autoren biographische Abhandlungen, Skizzen oder Streifblicke über Mayer abgefaßt. Es sind dies meist Naturwissenschaftler oder Philosophen, welche sich ursprünglich aus besonderen theoretischen

Gründen mit Mayers Lehre und Leistungen beschäftigten und die biographische Darstellung über Mayer nicht eigentlich zum Selbstzweck gewählt hatten. Sie sind im nachfolgenden an entsprechender Stelle berücksichtigt worden.

Unter diesen Autoren und Biographen befindet sich außer Mülberger, der Mayer in Kennenburg behandelte, kein Arzt, der Mayers Krankheitszuständen eingehendere Beachtung geschenkt hätte. Nun wissen wir, daß Mayer wiederholt schwer erkrankt war und daß diesen Krankheitszuständen wesentlicher Einfluß auf seinen Lebensgang beizumessen ist. Mayer, obwohl körperlich bis ins Alter rüstig, besaß dennoch eine mangelhafte Nervengesundheit und hat einige Male eine Anstalt aufgesucht oder notgedrungen aufsuchen müssen.

Daß psychische Abnormitäten und Störungen sich zu hervorragender Begabung gesellen können, ist durch die eingehende Forschung der letzten Jahrzehnte festgestellt. Nun sind die großen Geister meist psychologisch sehr komplex, und wenn ihre psychischen Affektionen, wie es häufig der Fall ist, nicht sehr typisch verlaufen, so werden die entstehenden psychopathologischen Bilder leicht undeutlich oder unsicher erscheinen, ein Umstand, der einst nicht wenig dazu beitrug, die ersten Beobachter zur Annahme einer neuen Krankheitsform, einer „Psychose des Genies", zu veranlassen. Später zeigte dann Möbius, daß der Einblick in derartige besondere psychologische Verhältnisse und das Urteil darüber klarer wird, wenn man von dem abnormen psychischen Grundzustande des Betreffenden, Form und Grad seiner Entartung, wie er es nannte, ausgeht und von hier aus die Wechsel der nervösen Zustände einmal im Anschluß an die äußeren, weiter an die spontan von innen heraus wirkenden Schädlichkeiten im einzelnen verfolgt, wozu dann noch die Berücksichtigung der systematischen und durch diese Schädlichkeiten etwa okkasionell veränderten Entwicklung der besonderen Anlage tritt, und er eröffnete uns in dieser Weise das lichtvolle weitere Verständnis so schwierig faßbarer Geister wie Schopenhauer, Goethe und Nietzsche.

Bei Robert Mayer liegen nun die Dinge für die psychopathologische Beurteilung verhältnismäßig einfach. Mayer hat auf den Höhepunkten seines Leidens kein schwer zu enträtselndes, vieldeutiges psychisches Krankheitsbild aufgewiesen, sondern vielmehr, wie sich ohne Schwierigkeiten und Zweifel feststellen läßt, eines der häufigsten und bestbekannten. Auch der allgemeine Verlauf seines Lebens entspricht demjenigen einer großen Anzahl hierhergehöriger nervöser Fälle. Die Steigerungen der Krankheitserscheinungen wurden zwar teilweise mit Hilfe von Gelegenheitsursachen herbeigeführt, entsprangen aber gleichwohl in der Hauptsache der angestammten, „endogenen" Anlage. Gerade das relativ hohe Ansteigen der kurzen akuten Phasen des Leidens erleichtert das psychologische Endurteil, denn ihre Beschaffenheit gibt angesichts der Einheitlichkeit dieser ganzen Anlage eine sicherere Direktive für die Auffassung auch der weniger charakteristischen psychologischen Züge, ein Umstand, dessen Fehlen die ärztlich-psychologische Beurteilung so vieler anderer ungewöhnlicher Psychen manchmal so unentschieden bleiben läßt.

Trotz dieses im ganzen einfachen und klaren Sachverhalts ist es von Interesse, daß gleichwohl nicht die Krankheit auf dem Höhepunkt am Schlusse der Betrachtung als das Hauptsächliche erscheint. Eine allenthalben bedeutungsvollere Rolle muß auch hier schließlich dem Grundzustande zugewiesen werden. Die „Krankheit" war eine Episode, die vorüberging, die eigenartig gefärbte Individualität aber, die von ihr zugleich kurz und scharf beleuchtet wurde, bietet uns jetzt gleichzeitig in weitem Bereich einen Schlüssel zur Persönlichkeit des Entdeckers, auch in demjenigen, was Tyndall so erstaunlich war. Hält man die hauptsächlichen Richtlinien fest, welche uns das Umfassen des gesamten Seelenproblems aufzeigt, so durchdringt man zugleich auch den Nebelschleier, der über manchem Besonderen in Mayers Lebensgang zu schweben schien und der durch viele Fragen und Vermutungen namentlich der letzten Autoren unverkennbar hindurchschimmert.

Auch die Bedeutung der ingeniösen Veranlagung und das Zustandekommen der Entdeckung selbst wird hierdurch eine Erörterung und eine Klärung finden.

Die in naher Zukunft bevorstehende hundertjährige Wiederkehr des Geburtstages des Entdeckers legt uns zurzeit sein Gedächtnis wieder mehr ans Herz. Wir sind ihm überdies heutzutage auch den im nachfolgenden gezollten Tribut schuldig geworden.

Obernigk, Januar 1914.

Ernst Jentsch.

Inhaltsverzeichnis.

I. Die Krankheitszustände.

Biographische Skizze. — Die Familie. — Hereditäre Züge. — Die Jugendjahre. — Die Reise. — Die Gedankenwelt. — Die psychische Havarie und
ihre Ursachen. — Der Kampf für die Entdeckung und der Prioritätsstreit.
— Mayers Fenstersturz. — Neue krankhafte Verstimmung. — Die Psychose.
— Postludien. — Epikrise.

Julius Robert Mayer ist am 25. November 1814 in Heil-
bronn geboren. Er war der jüngste von drei Brüdern. Seine
Eltern gehörten Heilbronner Bürgerfamilien an. Der Vater war
Inhaber einer Apotheke, die er selbst begründet hatte. Robert
Mayer besuchte bis zu seinem fünfzehnten Jahre das Heilbronner
Gymnasium, dann das Seminar in Schöntal. Er bezog 1832 die
Universität Tübingen und widmete sich daselbst dem Studium
der Medizin. 1838 bestand er die Staatsprüfung und promovierte
mit einer Dissertation über das Santonin. Nach kurzer ärztlicher
Tätigkeit in seiner Vaterstadt beschloß er, sich nach Holländisch-
Indien zu begeben in der Hoffnung, dort vielleicht einen günsti-
geren Boden für seine ärztliche Wirksamkeit zu finden. Er unter-
zog sich deshalb der holländischen ärztlichen Staatsprüfung im
Haag im Sommer 1839 und übernahm eine Stellung als Arzt auf
einem holländischen Kauffahrteischiff, welches nach Java ging. Vor
der Abreise konnte er noch einige Monate in Paris zubringen, woselbst
er die Krankenhäuser besuchte. Februar 1840 ging er von Rotter-
dam aus in See. Er besuchte die Häfen Batavia, Surabaja, Sama-
rang, Tjeribon und die Insel Madura, hielt sich aber, mit Studien
beschäftigt, fast beständig an Bord auf und kehrte mit demselben
Schiff wieder nach Europa zurück. Auf der Reede von Batavia
hatte er nämlich inzwischen die Bemerkung gemacht, daß das
beim Aderlaß aus der Armvene entnommene Blut eine auffallend helle Röte aufwies, und im Verein mit verschiedenen
ihm bekannten physikalischen und physiologischen Tatsachen
veranlaßte ihn diese Erscheinung sogleich, wie in der Folge, zu
eingehenden emsigen Studien.

Nach seiner Heimkehr ließ sich Mayer wieder in Heilbronn als Arzt nieder. Im Verfolg seiner besonderen Studien schrieb er „Bemerkungen über die Kräfte der unbelebten Natur", ein Aufsatz, der in Liebigs „Annalen der Chemie und Pharmazie" 1842 veröffentlicht wurde. Hierauf verfaßte er „Die organische Bewegung in ihrem Zusammenhange mit dem Stoffwechsel, ein Beitrag zur Naturkunde", Heilbronn 1845, ferner „Beiträge zur Dynamik des Himmels", Heilbronn 1848. Nachdem er im Jahre 1850 eine schwere Erkrankung überstanden hatte, schrieb er die Abhandlung „Bemerkungen über das mechanische Äquivalent der Wärme", Heilbronn 1851. In diesen vier Hauptarbeiten ist seine Lehre von der Mechanik der Wärme niedergelegt. Außerdem hat er noch eine Reihe Aufsätze über Gegenstände, welche diese oder ähnliche Gebiete betreffen, veröffentlicht.

Mayers Gesundheitszustand verschlimmerte sich im Winter 1851/52 von neuem. Von Ende 1853 an lebte er wiederum als Arzt in Heilbronn, woselbst er am 20. März 1878 aus dem Leben schied.

1892 wurde ihm in seiner Vaterstadt, vor dem Rathause, ein Denkmal gesetzt.

Die Familie Robert Mayers[1]) war Mitte des siebzehnten Jahrhunderts in dem herzoglich württembergischen Dorfe Wangen bei Göppingen ansässig, woselbst sein Vorfahr Christoph Mayer damals Pfarrer war. 1696 siedelte sich dessen Sohn in Heilbronn an. Christian Jakob Mayer, Robert Mayers Vater, gründete dort die Apotheke „zur Rose". Ihm wurden von seiner Ehefrau Elisabeth, geborenen Heermann aus Heilbronn, drei Söhne geboren, Fritz (1805), Gustav und Julius Robert (25. November 1814).

Mayers Familie war, wie es scheint, frei von eigentlichen körperlichen Krankheitsanlagen. Der Vater erreichte das zweiundachtzigste Lebensjahr und starb im September 1850. Er muß indes früher gekränkelt haben, denn wir ersehen aus dem Tagebuche von Robert Mayers ostindischer Reise, daß letzterer sich um seine Gesundheit sorgte, wenngleich dies vielleicht grade an

---

[1]) J. J. Weyrauch, Die Mechanik der Wärme und gesammelte Schriften von Robert Mayer. 3. ergänzte und mit historisch-literarischen Mitteilungen versehene Auflage. Stuttgart 1893.

dieser Stelle mit einer Stimmungsanomalie des Sohnes zusammenhängt. Aus einer Briefstelle Robert Mayers von Ende Februar 1840, kurz vor der Ausreise, geht ferner hervor, daß der Vater an den Respirationsorganen (chronischem Bronchialkatarrh) litt.

Die Mutter starb an Alterstuberkulose der Lungen, wie Mayer selbst gesagt hat, als sich einige Monate vor seinem Tode der tuberkulöse Abszeß am rechten Arme entwickelte, indem er darauf hinwies, daß er bald selbst am gleichen Leiden sterben werde wie jene.

Rümelin[1]) schildert den Vater Robert Mayers als einen dicken, kleinen Herrn mit großem Kopfe, stillen freundlichen Wesens und von mancherlei kleinen Eigenheiten, zurückgezogen lebend, kenntnisreich und voll Interesse für seinen Beruf, seine freie Zeit gern technischen Experimenten und Studien widmend. Er war auch im Besitze eines großen Instrumentariums und einer mineralogischen und botanischen Sammlung, sowie einer ansehnlichen Hausbibliothek, welche namentlich auch viele Reisewerke enthielt. In jüngeren Jahren hatte er verschiedene Stellungen auch im Auslande innegehabt. Er sah es gern, wenn seine Söhne sich auch praktisch mit naturwissenschaftlichen Studien befaßten. Von ihnen erschien außer dem jüngsten namentlich auch der älteste gut befähigt. Vielseitig angelegt und voll hohen naturwissenschaftlichen Interesses wurde er später einer der ersten und verständnisvollsten Anhänger der Lehren Roberts. Er war es auch, der 1832 oder 1833 die Apotheke des Vaters übernahm. Auch der zweite Sohn wurde Apotheker. Julius Robert dagegen war bereits frühzeitig zum Arzt bestimmt.

Robert Mayers Mutter stand nach Rümelin an Gaben des Geistes und Talenten nicht über dem Durchschnitt der Frauen ihres Standes. Sie wird als sorglich, geschäftig, häuslich, zärtlich und stolz auf ihre Söhne geschildert. Nach den anamnestischen Angaben in dem ärztlichen Zeugnisse Landerers über Robert Mayer soll sie als Mädchen an einer halbseitigen Lähmung gelitten und davon immer Beschwerden im Gehen zurückbehalten haben. Auch soll sie nach dieser Quelle etwas schwach begabt gewesen und in ihrer Familie sowie bei ihr selbst sollen manche originelle Sonderbarkeiten, jedoch keine Seelenstörungen vorgekommen sein. Sie starb am 20. Februar 1844 nach neununddreißigjähriger Ehe.

---

[1]) G. Rümelin, Reden und Aufsätze. Neue Folge. Freiburg und Tübingen 1881.

Rümelin erwähnt ausdrücklich, daß beide Eltern und auch die Söhne, namentlich der älteste und der jüngste, so gutherzig und friedfertig sie im Grunde waren, leicht höchst erregt und zornig werden konnten und zwar auch bei verhältnismäßig unbedeutenden Anlässen.

Julius Robert war nicht übermäßig kräftig, zeichnete sich aber in der Jugend nach Rümelin durch „ganz unglaubliche Ausdauer und Zähigkeit" besonders im Schwimmen und in Marschleistungen aus. So sei er das eine Mal als Student mit nur einmaligem Ausruhen von Tübingen nach Heilbronn (77 Kilometer in 14—15 Stunden) gegangen. In seiner Tübinger Studienzeit rettete er einst einen Kommilitonen, den Theologen Wentz, aus den Fluten des Neckars vom Tode des Ertrinkens.

In dem Landererschen Zeugnisse ist vermerkt, Robert Mayer habe die gewöhnlichen Kinderkrankheiten durchgemacht und sei sonst gesund gewesen.

Trotz der eben erwähnten Reizbarkeit überließ jedoch der Vater den Söhnen, wie es scheint, schon frühe in weitem Bereiche eine sehr freie Selbstbestimmung. So meldete er, als Robert die Gesellschaft seines Intimus Rümelin, der 1829 das Gymnasium Heilbronn verließ und nach dem Seminar Schöntal übersiedelte, nicht missen wollte, seinen Sohn auf dessen Wunsch ebenfalls dahin ab, „wegen Mangels an Fleiß und Eifer, und weil er ihn nicht gehörig beaufsichtigen könne".

Die Anamnese in den Anstalten besagt über diesen Punkt, daß Robert Mayer zwar gutmütiger und edler, aber sehr heftiger Gemütsart gewesen sei, vermöge welcher die ganz ungewöhnliche Kraft seines Wollens durch keinerlei Widerspruch oder Widernis sich brechen lassen wollte. In dieser Beziehung sei bekannt, daß die Erziehung des Knaben eine allzu sehr nachgiebige gewesen sei, daß derselbe nicht seinen Willen unterordnen, nicht gehorchen lernte.

Robert Mayer war als Schüler und Student bei seinen Lehrern und Kameraden wohlgelitten. Er war offen, schonend, neidlos und voll Anerkennung. Im Gespräch sprang er gern auf die letzten Konsequenzen des Gedankens über, indem er die Zwischenglieder des Ideengangs ausließ und den anderen darin vorauseilte. Dabei war er witzig und zitierte gern, viel und treffend aus der Bibel, nach Dichterworten usw. Er galt deshalb allenthalben als

wunderlich; für manchen wurde er nach Rümelin hierdurch be-
lustigend oder auch unbehaglich. Das Landerersche Zeugnis
besagt, etwas Barockes an seinem Wesen habe seinen Studiengenossen Veranlassung gegeben zu der Äußerung, daß er zuzeiten
„spinne“, daß es bei ihm „rapple“. Anschließend wird erwähnt,
daß er selbst in jüngeren Jahren Furcht vor Geisteszerrüttung
gehabt habe und deshalb von dem Gedanken an Selbstmord ge-
quält worden sei.

In Tübingen beteiligte sich Mayer noch in höheren Semestern
an der Gründung des Korps Guestphalia, wobei er die ihm zugefallene Charge zwar sorglich, aber mit einer bemerkenswerten
Ungewandtheit vertrat. Da nach der Aufhebung der Verbindung
die Mitglieder noch einen Ausflug in Farben gemacht hatten,
erhielt Mayer als Stifter einer verbotenen Gesellschaft auf ein
Jahr das Consilium abeundi, nachdem er selbst alles Tatsächliche
eingeräumt, über die anderen aber jede Aussage abgelehnt hatte.
Im Untersuchungsarrest verweigerte er die Nahrungsaufnahme.
Man holte den Arzt, der ihn „normal fand“, aber wegen seiner
Klagen über Kongestion ihn zweimal zur Ader ließ. Da er aber
fortwährend weiter abstinierte, so schickte man ihn am sechsten
Tag in Hausarrest. Der Bericht des Arztes an die Universitäts-
behörde lautete dahin, daß Mayer nach den sonstigen Umständen
nicht als völlig geisteskrank angesehen werden könne, jedoch sich
in einem Zustand befinde, der sehr leicht dahin übergehen könne.
Diesem entspreche auch die Ansicht aller derer, die Mayer schon
lange kannten und behaupteten, daß er bei jedem widrigen Vorfall höchst aufgeregt und in einen zweideutigen Zustand versetzt
werden könne.

Man könnte fragen, weshalb Mayer nach Beendigung seiner
Studien eigentlich seine ostindische Reise angetreten habe. An sich
ist es ja nicht ungewöhnlich, daß jüngere Leute, die zum erstenmal
frei über sich selbst bestimmen können, Gelegenheit nehmen, sich
ein Stück Welt anzusehen. Mayer war nun von Hause aus so
bodenständig, daß es für ihn feststand, daß er einstmals nur in
Heilbronn seine Tätigkeit ausüben würde. Als er aber nach Ab-
legung seiner Prüfung sich dort niederließ und nur sehr wenig
zu tun hatte — eine öffentliche Anzeige unterließ er —, kam er
ernstlich auf den Plan einer Reise nach den holländisch-indischen
Kolonien zurück, von der er den Eltern bereits früher gesprochen

hatte, welche, solange er gewissermaßen nur mit dem Gedanken gespielt hatte, ganz seiner Meinung gewesen waren, sobald er aber darin Ernst zeigte, ihm Schwierigkeiten zu machen versuchten. Schon mehrere Monate vorher hatte er in einem Briefe an seinen Jugendfreund Lang viel und eingehend von seinem Plane gesprochen. Er zitierte aus dem Studentenliede, ehe er sich in seiner Heimat der Untätigkeit hingäbe, „laufe er lieber mit kaltem Blute dem Teufel barfuß zu". Er beabsichtige längere Zeit in den holländischen Kolonien zu bleiben, und er berechnete seine Einkünfte nach Maßgabe der hohen Gagen, die dort gezahlt würden und den pekuniären Vorteil, falls er dem Klima nicht zum Opfer falle. Oktober 1837 schrieb er an Lang, daß ihn die interessante Reise und die Aussicht, die Natur von einem sehr allseitigen Standpunkte kennen zu lernen, locke und daß er auf diese Art nicht nötig habe, als angehendes Doktorlein in seinem Vaterlande eine geringe Rolle zu spielen. Auch ist erwähnenswert, daß Mayer in seinen Knabenjahren mit Rümelin längere Zeit ein selbsterfundenes Geographiespiel übte, wobei sie die Länder der Erde unter sich verteilten, und daß Mayer hierbei vorwiegend die tropische Zone in Anspruch nahm, von welcher namentlich auch immer die Sundainseln die besondere Aufmerksamkeit der Spieler fesselten.

Die Reise zwischen Holland und Java dauerte damals etwa vier Monate. Mayer hat über die Reise ein ziemlich eingehendes Tagebuch geführt, welches Weyrauch[1]) aufgenommen hat. Die Besatzung des Schiffes zählte nur achtundzwanzig Mann. Beschäftigt war Mayer sehr wenig. Er hatte aber eine große Anzahl Bücher zum Studium mitgenommen. Die Ausreise war vom Wetter ziemlich begünstigt. Mayer hatte sich aus irgendeiner Veranlassung ansuggeriert, daß er stark an der Seekrankheit leiden würde und war sehr überrascht, als er hierin angenehm enttäuscht wurde. Auch körperlich blieb er, wie er schreibt, auf der Hinreise wohl, nur beim Eintritt in die heiße Zone nach Mitte März 1840 litt er an kurzdauerndem Kopfweh, Mattigkeit und Digestionsbeschwerden. Dagegen scheint er wiederholt stärkere Stimmungsschwankungen gehabt zu haben. Unter

---

[1]) Kleinere Schriften und Briefe von Robert Mayer, nebst Mitteilungen aus seinem Leben. Herausgegeben von J. J. Weyrauch, Professor an der Technischen Hochschule zu Stuttgart. Mit zwei Abbildungen. Stuttgart 1893.

dem 10. April lesen wir: „Düstere Gedanken, schwere Sorgen, die sich um das geheiligte Haupt meines Vaters konzentrieren, drücken heute mehr als je auf meine Seele" (ebenso später am Geburtstag des Vaters, 31. Mai). Danach heiterte sich seine Stimmung immer mehr auf, und als am 16. April nach längerer Zeit ein Schiff gesichtet wird, beschließt er „den fröhlichsten Tag seiner bisherigen Seereise".

Zu erwähnen ist, daß, trotzdem er zuerst die Absicht gehabt hatte, längere Zeit in Indien zu verbleiben, doch aus dem Tagebuch gleich von vornherein hervorgeht, daß er mit demselben Schiff wieder heimkehren und das Engagement nicht weiter ausdehnen wolle.

In der von Landerer abgefaßten Krankheitsgeschichte Mayers ist vermerkt, daß in dieser Seefahrt vielleicht die Ursache der Entwicklung der späteren Geistesstörung Mayers zu suchen sei. Mayer habe angegeben, daß er auf dem Schiffe von heftigem Delirium ergriffen worden sei, gegen welches die stärksten Blutentziehungen angewendet werden mußten, und daß diese Delirien tagelang gedauert hätten. Landerer nimmt an, es habe vielleicht eine Entzündung der Gehirnhäute, etwa infolge eines Sonnenstichs, bestanden und ein restierendes pathologisches Gebilde habe dann den Herd für die Hyperämie des Gehirns, welche der Erkrankung Mayers zugrunde liege, abgegeben.

Da, wie eben bemerkt, auf der Ausreise genau Buch geführt wurde, so könnte sich ein solcher Vorgang nur auf der Heimreise abgespielt haben. Letzteres ist möglich, da über diese keine Aufzeichnungen vorhanden sind. Die Autoren haben nun meist angenommen, daß Mayer diese deswegen unterlassen habe, da ihn auf der Rückreise die ihm inzwischen zugefallene Entdeckung zu sehr beschäftigt habe. Übrigens darf man nicht vergessen, daß Mayer die gedachten Angaben selbst gemacht hat, und daß dies zu einer Zeit geschehen ist, da er als Patient sich bei Landerer aufhielt, weshalb sie mindestens mit einigem Vorbehalt aufzunehmen sind, zumal später weder von Mayer selbst noch von sonst jemand ein solcher Vorfall berührt worden ist.

Über die Gesundheit Mayers, der sich nach seiner Heimkehr Anfang 1841 wieder als Arzt in Heilbronn niederließ und sich im folgenden Jahre mit Wilhelmine Cloß von Winnenden verheiratete, wird bis gegen Ende der vierziger Jahre von den Biographen nichts Bemerkenswertes berichtet. Er lebte seiner Entdeckung, seiner Familie und seiner Praxis und war zufrieden. In diese Zeit fallen die ersten drei seiner Hauptarbeiten, freilich auch bereits der Beginn seiner Prioritätssorgen. In der Anamnese der Landererschen Krankengeschichte, welche sehr wahrscheinlich teilweise von der Frau Mayers erhoben worden ist, wird über diese Zeit indes mitgeteilt, daß es seiner Umgebung sehr aufgefallen sei, daß er oft plötzlich „maßlos aufgeregt', gewesen sei und daß er sich dann auch „kleine Unvernünftigkeiten" erlaubte, z. B. Zerschlagen eines Möbels, Zerreißen eines Kleidungsstücks, daß er gegenüber seiner nächsten Umgebung, namentlich gegenüber seiner Frau, die er doch leidenschaftlich liebte, viele sonderbare, oft unvernünftige Ansprüche machte, „Kindskopfereien", wie er sie selbst zu nennen pflegte, welchen Anforderungen die Frau gewiß mehr, als gut gewesen sei, jederzeit nachgegeben habe, um es nicht zu den vorhin genannten Aufregungen kommen zu lassen. Worin diese sonst auffälligen Züge bestanden, ist im einzelnen nicht weiter vermerkt.

Mayers schlimme Zeit setzte ziemlich unvermittelt 1850 mit dem Fenstersturze am 30. Mai ein. Das schlechteste Jahr war 1852. In diesem begann sein Anstaltsaufenthalt, welcher von Ende April dieses Jahres bis zum September 1853 währte. Die Störungen, welche später auftraten, waren geringfügiger und kommen gegen die der genannten Periode wenig in Betracht.

Von den Biographen werden als Veranlassungsursachen des Krankheitsausbruchs folgende Schädlichkeiten bezeichnet.

Zunächst hatte Mayer Unglück in der Familie. Seine älteste Tochter Emma, geboren 1843, gedieh zwar, aber bereits der im folgenden Jahre geborene Sohn wurde ihm 1845 an Hydrocephalus acutus wieder entrissen. Auch die beiden ihm danach geborenen Mädchen verlor er im August 1848 nacheinander, das eine an Keuchhusten, das andere an Gehirnentzündung und Pertussis oder Bronchitis. Die Briefe Mayers an seine Schwiegereltern, die die schwere Erkrankung und das Ableben der Kinder anzeigen, lassen erkennen, wie nahe ihm diese Katastrophe gegangen ist.

Ferner zog im Jahre 1849 Mayers ältester Bruder Fritz mit Heilbronner Freischärlern den badischen Aufständischen zu Hilfe. Julius Robert hat sich nie viel mit der Politik befaßt. Da er aber bestimmt auf seiten der Autorität stand, so hielt er es für seine

Pflicht, zumal seine Schwägerin dies unterstützte, den Versuch zu machen, den Bruder zurückzuholen. Durch dieses Unternehmen geriet er jedoch in große Gefahr, als Spion erschossen zu werden, und nur durch Intervention eines seiner Heilbronner Klienten, den er antraf und der sich für ihn verwendete — den Bruder selbst hatte er nicht aufgefunden —, soll er gerettet worden sein. Dieser Vorgang war für ihn wie für seine ganze Familie mit großer Aufregung verknüpft gewesen.

Zu diesen ungünstigen Einwirkungen traten die Gemütsbewegungen, die ihm inzwischen aus dem Fortgange seiner Entdeckung erwachsen waren. An diesem Punkte knüpft auch das Landerersche Zeugnis weiter an. „Mayer war", berichtet es hierüber, „in seinen mathematisch-physikalischen Studien auf Resultate gekommen (Identität von Licht, Wärme und Bewegung), die er teils in Journalartikeln, teils in besonderen Schriften veröffentlichte, von welcher Veröffentlichung er sich großes Aufsehen in der Wissenschaft und großen Ruhm für sich selbst versprach. Die gehoffte Anerkennung wurde ihm aber nicht zuteil, seinen wissenschaftlichen Resultaten wurde von anderen die Priorität bestritten u. dgl. So geschah es, daß hochgespannte und schwergetäuschte Erwartung, Hochmut und Beschämung einige Jahre lang ihn in die unruhigste Gemütsstimmung versetzten. Doch beruhigte dieser innere Sturm sich nach und nach, zu welcher Beruhigung wohl namentlich auch beitrug, daß Mayer in dieser Zeit auf den Standpunkt des bibelgläubigen Christen hinübertrat."

Die Lehre von der Wärme hatte zur Zeit Mayers auch andere Bearbeiter gefunden, welche zum Teil das von Mayer erreichte Resultat über das kalorische Arbeitsäquivalent ebenfalls vermittelten. Darauf kam es aber Mayer nicht an. Er wollte nur anerkannt wissen, daß er die grundlegende Tatsache der Lehre und den annähernden zahlenmäßigen Ausdruck hierfür früher gefunden hatte als alle anderen. Nebenbei lag es ihm daran, zu hören, daß die Form, in der er selbst die Lehre gefaßt hatte, die vielseitigste, erschöpfendste und für die weitere Entwicklung der Dinge aussichtsreichste sei. Mayer hatte das mechanische Äquivalent der Wärme im Jahre 1842 mit Hilfe eines einfachen Apparates, in welchem er Luft durch Quecksilber komprimierte, ausgehend von dem Gay-Lussacschen Gesetz, daß ein in einen leeren Raum ausströmendes Gas in dem Rezipienten, aus dem es ausströmt, sich in gleichem Verhältnis abkühlt, als es in demjenigen, in den es einströmt, sich erwärmt, auf 367 Meterkilogramm bestimmt. (Die zutreffende Zahl hierfür ist 427 Meterkilogramm.) Dieses Resultat hatte er in seinem Aufsatz „Bemerkungen über die Kräfte der unbelebten Natur", Annalen der Chemie und Pharmazie 1842, mitgeteilt, nachdem er gezeigt hatte, daß Wärme sich in Bewegung verwandeln könne und umgekehrt. Schon 1824 hatte Carnot diesen Gegenstand behandelt („Réflexions sur la puissance motrice du feu"), wobei er sich indes im Gegensatze zu Mayer dahin ausgesprochen hatte, die bewegende Kraft des Feuers in der Dampfmaschine sei nicht auf Rechnung eines Wärmeverbrauchs zu setzen, sondern auf das rasche Abfallen hoher Temperaturen, auch finde ein Wärmeverbrauch bei Änderung des Aggregatzustandes nicht statt, und diese Anschauungen waren 1834 von Clapeyron in der Hauptsache bestätigt worden („Mémoire sur la puissance motrice de la chaleur", 1834, Journal de l'école polytechnique, XIV). Ferner hatte Colding 1843, ein Jahr nach Mayer, in einer der Dänischen Akademie der Wissenschaften eingereichten und 1863 und 1864 im „Philosophical Magazine" und den „Annales de Chimie" veröffentlichten Denkschrift das mechanische Wärmeäquivalent aus der Reibungswärme bestimmt, und das gleiche geschah 1845 durch Holtzmann („Über die Wärme und Elastizität der Gase und Dämpfe", Mannheim). Weiter war J. P. Joule in England durch vorwiegend experimentelle Arbeiten mit der Voltaschen Säule auf das gleiche Problem gestoßen und hatte dabei das Wärmeäquivalent genauer als Mayer ermittelt. Die erste Mitteilung machte er davon am 21. August 1843 auf der Versammlung der „British Association" in Cork („On the calorific effects of Magneto-Electricity and on the mechanical value of heat", Philosophical Magazine, XXIII, 1843).

Mayer wendete sich hierauf am 27. Juli und 14. September 1846 mit dem Aufsatze „Sur la production de la lumière et de la chaleur du soleil" an die Pariser Akademie der Wissenschaften (Comptes-rendus, 1846), ohne daß diese jedoch im wesentlichen auf die Sache einging. Das mechanische Wärmeäquivalent kam dort vielmehr erst zur Sprache, als Joule seine Arbeit „Expériences sur l'identité entre le calorique et la force mécanique" daselbst einreichte (Sitzung vom 23. August 1847, Comptes rendus, XXV). Mayer antwortete darauf an die Akademie mit dem Aufsatz „Sur la transformation de la force vive en chaleur et réciproquement", in welchem er auf seine verschiedenen vorangegangenen Arbeiten hinwies und welcher in der Sitzung vom 16. Oktober 1848 derselben Kommission von zwei Mitgliedern nochmals zur Prüfung überwiesen wurde, welche seinerzeit nicht über die erste Einsendung Mayers zu berichten für notwendig gehalten hatte (Comptes-rendus, XXVII). In der nun folgenden Zuschrift Joules an die Akademie „Sur l'équivalent mécanique calorique" (Sitzung vom 22. Januar 1849, Comptes-rendus, XXVIII) versuchte dieser nun unter Hinweis auf seine Arbeiten und Darlegungen der Resultate seiner sonstigen Studien von 1841 die Priorität seinerseits zu retten, und auf diese antwortete nun Mayer energisch durch die Note „Réclamation de priorité contre Mr. Joule" (Sitzung vom 12. November 1849, Comptes-rendus, XXIX), worin er feststellte, daß er als der erste 1842 das Gesetz und seinen zahlenmäßigen Ausdruck veröffentlicht habe. Damit war die Angelegenheit vorläufig erledigt.

Alle diese Schriftstücke sind freilich polemisch, aber doch im ganzen verbindlich gehalten. Besonders ist auch zu erwähnen, daß Mayer in seinem letzten Aufsatz ausdrücklich die großen Verdienste Joules und die Selbständigkeit seiner Forschung anerkennt.

Abgesehen von diesen auswärtigen Schwierigkeiten hatte Mayer auch in der Geltendmachung seiner Gedanken in der Heimat Kämpfe gehabt. Zunächst war er hier auf ziemlich große Gleichgültigkeit gestoßen. Eingehender war nur sein Aufsatz „Bemerkungen über die Kräfte der unbelebten Natur", und zwar von Pfaff, gewürdigt worden bei Gelegenheit seiner Schrift „Parallele der chemischen Theorie und der Voltaschen Kontakttheorie der galvanischen Kette", Kiel 1845. In dieser kam der Autor zwar zu einem für Mayer nicht günstigen Schlusse, aber dieser war insofern zufrieden, als der mehrere Seiten lange Passus eine genaue Kenntnis der Arbeit ersichtlich machte. Über den Artikel war sonst nirgends etwas geschrieben worden. Auch die Monographie Mayers „Die organische Bewegung in ihrem Zusammenhange mit dem Stoffwechsel" hatte nur wenig Beachtung gefunden. 1845, 1846 und 1847 war jeweils eine nur wenig ausführlich gehaltene Besprechung im Frankfurter Journal, in der Neuen Medizinisch-chirurgischen Zeitung und in der Allgemeinen Medizinischen Zentralzeitung erschienen, welche anerkennend lauteten, aber immerhin nur einen etwas kühlen Achtungserfolg bezeichneten.

In den deutschen physikalischen Fachkreisen war man nicht sofort auf die ersten Veröffentlichungen Mayers aufmerksam geworden. Die im Jahre 1847 erstmalig erscheinenden „Fortschritte der Physik" der Physikalischen Gesellschaft in Berlin, welche die Literatur des Jahres 1845 behandelten, enthielten zwar Besprechungen der Arbeiten Holtzmanns und Joules, aber nichts über die gleichfalls 1845 herausgegebene „Organische Bewegung" Mayers, woran vielleicht der Titel, den Mayer selbst in der Hauptsache unzutreffend fand (s. S. 49), mit Schuld hatte. Im Jahrgang 1847, ausgegeben 1850, hatte dann Helmholtz in einem Sammelreferat diese Arbeit Mayers gestreift, wobei er bemerkte, daß er diese (sowie eine Arbeit von Donders) nur der Vollständigkeit halber anführe, und daß sie Zusammenstellungen der bekannten Fakta im wesentlichen von denselben Gesichtspunkten aus enthielten, wie es Helmholtz selbst bereits im Jahresberichte von 1845 getan habe. Im Jahresbericht für 1848, ausgegeben 1852, gab Helmholtz weiter ein kurzes Referat zu Mayers an die Pariser Akademie gerichtetem Aufsatz „Sur la transformation de la force vive en chaleur et réciproquement", in welchem er feststellte, daß Mayer die Unzerstörbarkeit der Kräfte behauptete und das Prinzip 1840 gefunden haben wollte. Der nächste Jahresbericht ist erst herausgekommen, als Mayers Erkrankung bereits zu Ende ging, Ende 1853. Helmholtz hat seine eigene, später berühmt gewordene Abhandlung „Über die Erhaltung der Kraft", in welcher er das gesamte Gebiet ebenfalls betrat, 1847 veröffentlicht. Das Verhältnis der ersten Mayerschen und Helmholtzschen Arbeiten hat Th. Groß zum Gegenstand einer längeren Untersuchung gemacht („Robert von Mayer und Hermann von Helmholtz", Berlin 1898), in welcher dargelegt wird, daß Helmholtz Mayer beständig viel zu wenig gerecht geworden sei, ganz besonders anfänglich, und man kann wohl mindestens annehmen, daß Helmholtz sowohl die Arbeit als die Persönlichkeit Mayers einigermaßen unterschätzt hat.

Dieser war seit 1840 in seinem Lehrsatze und dessen Konsequenzen so vollständig aufgegangen, daß es, wie Rümelin, der im Herbst 1841 in Heilbronn viel mit ihm zusammentraf, sagt, damals schwer war, mit ihm von etwas anderem zu reden als von dieser Sache, und daß Mayer sogar beim Kommen und Gehen ihm seine Schlagwörter „causa aequat effectum", „ex nihilo nihil fit" und „nihil fit ad nihilum" öfter entgegen- und nachrief. Persönlich hatte Mayer damals außer seinem Bruder und Rümelin den Mathematiker Carl Baur und den Psychiater und inneren Kliniker Wilhelm Griesinger für seine Theorie zu interessieren gewußt, mit welch letzteren er über das Thema Briefwechsel pflog, die erhalten sind. Auch hatte der Professor der Physik Jolly in Heidelberg, den er 1841 oder 1842 aufsuchte, ihn zur Weiterarbeit ermuntert.

In allem diesem hätte gewiß noch kein direkter Anlaß zu außergewöhnlichem Verdruß gelegen. Ein solcher bot sich aber 1850 durch den folgenden Vorfall.

Mayer hatte, um seine Lehre besser zur Geltung zu bringen, am 14. Mai 1849 in der Beilage zur „Allgemeinen Zeitung" eine Mitteilung veröffentlicht, „Wichtige physikalische Erfindung", in der er die Äquivalenz der Wärme und der mechanischen Arbeit und sein Verfahren, diese zu bestimmen, kurz auseinandersetzte. Durch diese Mitteilung hatte sich O. Seyffer in Tübingen bewogen gefühlt, in dem gleichen Blatte unter dem 21. Mai eine längere Entgegnung zu bringen, welche schonungslos bis wegwerfend gehalten war. Es heißt darin, die Entdeckung Mayers bedürfe für den Mann von Fach keiner näheren Erörterung. Die Verwirrung, welche in der Arbeit Mayers über die Begriffe Kraft, Ursache, Wirkung usw. herrsche, und die Deduktionen, welche er daraus ziehe, seien schon hinlänglich in ihrer Unhaltbarkeit von wissenschaftlichen Organen beleuchtet worden (womit die Pfaffschen Ausführungen gemeint waren). So wie sich Mayer den Satz denke, daß eine wirkliche Metamorphosierung zwischen Wärme und Bewegung stattfinde, sei er ein vollkommen unwissenschaftliches, allen klaren Ansichten über die Naturtätigkeit widersprechendes Paradoxon. Die Bedeutung des Mayerschen Experiments wurde bestritten. Von dem Übergange von Wärme in Bewegung oder davon, daß die Wärme als Äquivalent der Bewegung oder umgekehrt gelten könne, könne keine Rede sein, wenn man sich nicht leeren Voraussetzungen hingebe usw.

Bezüglich Seyffers möge hier sogleich weiter bemerkt sein, daß er ziemlich schnell seine Ansichten über den Gegenstand korrigiert haben muß, denn bei seiner Habilitation für Physik am 18. April 1850 in Tübingen lautete die erste seiner zehn Thesen: „Die Auffindung der sogenannten Äquivalentenzahl zwischen mechanischer Kraft und Wärme anerkenne ich als eine vollendete Tatsache." Seyffers Dozentenlaufbahn währte nur ein Jahr. Er war dann längere Zeit Redakteur des Württembergischen Staatsanzeigers und hat sich um seine Vaterstadt Stuttgart vielerlei Verdienste erworben.

Mayer war um so unangenehmer durch diese Replik berührt, als es sich schon nicht mehr um die prinzipielle Richtigkeit der mechanischen Wärmetheorie handelte, sondern nur noch um die Prioritätsfrage. Aus den Mitteilungen Rümelins geht hervor, daß Mayer zur Rechtfertigung an die Redaktion eine Entgegnung einsandte, welche aber merkwürdigerweise von dieser nicht aufgenommen wurde. Hierauf muß sich Mayer an den Verleger Baron Cotta gewendet haben, denn in Weyrauchs Kleineren Schriften, S. 310, ist in einem Briefe Mayers vom 25. März 1850 an die Cottasche Buchhandlung von einem „Vermittelungsversuch" seinerseits durch den Inhaber persönlich die Rede. Hierauf hatte die Geschäftsleitung geantwortet, worauf Mayer die Korrespondenz abbrach.

Mayer war über diese Behandlung sehr empört. Rümelin betont dabei, es habe in Mayers Natur gelegen, sich nicht wie andere Menschen durch Zerstreuung von dem Druck des Gemüts befreien zu können. So sehr er sich auf seine Ideenwelt konzentriert habe, so unmöglich sei es ihm jetzt gewesen, sich den Gedanken an das erlittene Unrecht, welches nun beständig mit dieser verbunden war, aus dem Kopfe zu schlagen. Rümelin und seine Freunde stellten ihm vergeblich vor, daß an einem Zeitungsartikel wenig gelegen sei, daß Seyffer von niemandem für berufen angesehen werde, im Namen der Wissenschaft ein Verdikt über ihn auszusprechen, daß neue Ideen sich immer erst langsam und kämpfend Bahn brechen, daß er nur ruhig fortarbeiten solle, als wenn nichts geschehen wäre. Das hätte aber nichts geholfen. Zu seinen Studien hätte er keine Stimmung und Neigung mehr gefunden und auch die Nächte hätten ihm keine Ruhe und Erholung gebracht.

Aus der Weyrauchschen Zusammenstellung der Briefwechsel geht weiter hervor, daß Mayer am 21. Mai 1850 an Cotta wiederum

ein Schreiben richtete, worin er sich neuerdings sehr höflich, aber
ernstlich beklagt, daß seine zahlreichen Reklamationen bisher un-
beachtet geblieben seien, und daß die Redaktion ihrer Pflicht, ein
begangenes Unrecht nach Kräften wieder gut zu machen, keine
Genüge getan habe. Die Antwort Cottas hierauf vom 22. Mai
besagt, daß er Mayer bereits am 22. März eine vollständige Aufklärung über das Verfahren der Redaktion zugesandt habe, doch
habe Mayer den Brief uneröffnet zurückgehen lassen. Auch habe
in dieser Sache, wie Mayer wohl wisse, die verantwortliche Redaktion der Zeitung allein zu handeln.

Da geschah es, daß Mayer, wie er selbst schreibt, in der Frühe
des 28. Mai 1850, bei dem damals herrschenden heißen Frühlings-
wetter wieder in steigende Aufregung geratend, nach schlecht hin-
gebrachter Nacht in einem Anfall plötzlich ausgebrochenen Deliriums noch unangekleidet vor den Augen seiner eben erst er-
wachten Frau, welche sich dessen nicht versah, zwei Stockwerke
(neun Meter hoch) durch das Fenster auf die gepflasterte Straße
herabsprang. Er blieb im ganzen unbeschädigt. Auch die Beine
waren nicht gebrochen, die Füße aber schwer verletzt und ver-
staucht. Ein langes, schmerzhaftes Krankenlager folgte. Nur
langsam wurden die Füße wieder gebrauchsfähig. Erst nach
längerer Zeit konnte Mayer wieder am Stock ausgehen.

Inzwischen war gleichzeitig Beruhigung eingetreten. Mayer
nahm seine Praxis in der Stadt wieder auf. In demselben Jahre
schrieb er noch: „Bemerkungen über das mechanische Äquivalent der Wärme", Heilbronn, 1851, eine Arbeit, die gegen
früher nichts wesentlich Neues enthält, aber eine sonst in
jeder Weise ausgezeichnete Abhandlung darstellt, und in der Mayers
Prioritätsansprüche aufrecht erhalten werden. Die Seyfferschen
Angriffe werden darin in einer Fußnote energisch, aber sachlich
zurückgewiesen und auch die perfide Redaktion erhält einen
Seitenhieb. Im Anschluß hieran schrieb Mayer im Frühjahr 1851
einen kleinen Artikel „Über die Herzkraft", angeregt durch einen
Aufsatz Vierordts über das gleiche Thema im „Archiv für physiologische Heilkunde" 1850 und 1851. Er berechnete hierin die quan-
titative Herzleistung genauer, als es Vierordt getan hatte. Diese
Arbeit wurde im Jahrgang 1851 des „Archiv" mit einigen Anmer-
kungen Vierordts publiziert. Danach hat Mayer bis 1862 nichts
Literarisches herausgebracht.

Wie schwer auch die Verletzung der Füße gewesen ist, so muß dennoch der Verlauf der Folgen des Fenstersturzes für Mayer als unverhältnismäßig günstig bezeichnet werden. Mayer blieb, abgesehen von dieser Läsion der unteren Extremitäten, unversehrt. Besonders hat auch kein sonstiger Bruch eines Knochens und keine Gehirnerschütterung stattgefunden, und ebensowenig ist bekannt, daß eine Einrichtung vorgenommen wurde. Auch Dr. Mülberger, der Arzt Mayers in Kennenburg, spricht nur von einer Knöchelverletzung besonders des rechten Beins („Frankfurter Zeitung", 1879, Nr. 21 und „Deutsche Warte" 1894, III). Es wird sich deshalb um eine Distorsion oder Verstauchung der Fußgelenke, die bei der großen Gewalteinwirkung wahrscheinlich mit ausgedehnteren Zerreißungen der Gelenkkapseln und vielleicht auch der fibrösen Apparate der Füße einhergegangen ist, sowie um Knöchelläsionen gehandelt haben. Auch eine solche innere Verletzung kann anfänglich ein merkliches Wundfieber verursachen, so daß es wohl erklärlich ist, daß der Zustand Mayers in der ersten Zeit, wie die Berichte sagen, auch körperlich objektiv schwer erschien.

Ebenso erwies sich die Verletzung in den Folgen als erheblich. Die Bewegungsfähigkeit der Füße war mehrere Monate sehr wesentlich gestört. Nach dieser Zeit war beschwerliches Gehen am Stock möglich. Im Sommer des darauffolgenden Jahres suchte Mayer zur weiteren Behandlung seiner kranken Füße die Thermen in Wildbad auf. Er berichtet über den Fortgang der Besserung in den Briefen an seine Frau (Weyrauch, Kleinere Schriften, S. 468ff.). Am 15. Juni teilt er mit, daß er auf der Promenade ohne Stock gelaufen sei, und daß die anderen gesagt hätten, man müsse genau achtgeben, wenn man ihm etwas ansehen wolle. Weiter gibt er Nachricht, er hoffe in Wildbad so weit zu kommen, daß er auf den Fersen bequem auftreten lerne. Auch ließ ihm sein Arzt Dr. Schwickle ein Paar Schuhe anfertigen, wovon der rechte besonders vorgerichtet war. Schwickle sagte zuletzt, es habe sich recht gut gemacht und er stehe ihm dafür, daß in einem Jahre nichts mehr übrig sei, als ein etwas nachlässiger Gang, sonst werde er laufen können, wie zuvor. Auch hatte er in seinen Füßen ein Gefühl von Wohlsein, wie er seit seiner Krankheit nicht mehr gehabt zu haben sich erinnerte. Gleichwohl behielt Mayer zeitlebens eine Schwäche in den Füßen zurück und die Störung des Ganges war am rechten Fuße, den er immer etwas schleifte, stets zu bemerken. Trotzdem konnte er 1854 wieder große Fußtouren unternehmen.

Während der ganzen Zeit seit seiner Genesung von dem Sturz ist in psychischer Beziehung keinerlei besondere Eigentümlichkeit bemerklich gewesen. Von einer solchen erfahren wir indes wieder durch Briefe, welche Mayer selbst im Herbst 1851 an L a n g , damals Oberhelfer (Pfarrvikar) in Göppingen, geschrieben hat (W e y r a u c h , Kleinere Schriften, S. 336 ff.). Unter dem 11. November 1851 dankt er diesem zuerst für die Predigten, die er ihm übersandt hatte, und fährt dann fort: „Als ich mich zu Dir nach Göppingen geflüchtet, geschah es ohne Zweifel in einer Art Vorgefühl dringender Gefahr. Ich war, medizinisch ausgedrückt, im Stadium prodromorum einer Gehirnentzündung. Mein Brief vom 29. v. M. ist natürlich in der Zeit des bereits ausgebrochenen und rasch zunehmenden Deliriums geschrieben. Näheres will ich Dir gern einmal mündlich mitteilen. Die Krankheit hat gottlob eine über alles Erwarten günstige Wendung genommen, indem ich schon nach wenigen Tagen wieder imstande war, meinem Berufe nachzugehen, was ich offenbar der Beruhigung verdanke, welche mir die Religion, in specie das, was Du mir in Göppingen gesagt, gewährt. ‚Cessante causa cessat effectus‘ ist ein bekannter medizinischer Satz; daß aber auch nach glücklich überstandenem akuten Stadium das Gehirn noch in einem Zustande von Blutanschoppung zurückblieb, liegt in der Natur der Sache. Dadurch wird aber das Gemüt in einer reizbaren, teilweise hypochondrischen Stimmung erhalten, während andrerseits wieder jeder psychische Reiz nachteilig auf das somatische Organ zurückwirkt. Ich finde übrigens, daß ich aus dieser Scylla und Charybdis mit Hilfe des christlichen Glaubens herauskomme, indem ich fühle, wie ich körperlich gesunder und geistig froher werde“ usw. Der Schluß ist wieder an den Seelsorger gerichtet. Mayer setzt hinzu, daß er letzten Sonntag die erste von L a n g s Predigten gelesen habe. Die folgenden beiden Schreiben vom 2. und 31. Dezember 1851 handeln dann ausschließlich von religiösen Dingen. Mayer sagt im ersteren von sich, daß seine Lieblingssünde und Achillesferse der Mangel an Demut sei. Im übrigen ist aus den beiden letzten Briefen eine gewisse Erregung deutlich ersichtlich (l. c. S. 338 ff.). Da L a n g in Göppingen mit Dr. L a n d e r e r bekannt war und mit diesem, als Mayer kurz darauf in die Anstalt des letzteren eintrat, über Mayer sprach, so ist es so gut als zweifellos, daß Landerer von diesen Briefen Kenntnis erhalten hat, und so ist wohl auch der Zusatz in Landerers Krankenbericht zu erklären, der sich in diesem unmittelbar im Anschluß an den letztzitierten Passus (S. 9) findet: „Übrigens lag auch in der Art, wie Mayer diesen positiv-religiösen Standpunkt ergriff und sich zurecht machte, eine beängstigende Unruhe und Einseitigkeit."

Zur Verfolgung der jetzt sich entwickelnden Schicksale Mayers sind außer den Briefen und Krankengeschichten auch die Erinnerungen Langs (Weyrauch, Kleinere Schriften) und in weiterem Umfange Mayers eigene autobiographische Aufzeichnungen herangezogen. Mayer hat aus den sechziger und siebziger Jahren im ganzen vier kürzere autobiographische Schriftstücke hinterlassen (Weyrauch, Kleinere Schriften, S. 378—394). Wichtiger erscheint aber ein längeres autobiographisches Konzept, welches sich nach Mayers Tode im Nachlaß vorgefunden hat. Weyrauch ist der Ansicht, daß es sich hier um die Autobiographie Mayers handelt, welche er auf Verlangen seines Gönners und Freundes John Tyndall diesem zugesandt hatte, und zu deren Besitz sich letzterer in einem Briefe vom 11. Januar 1866 (Weyrauch, Kleinere Schriften, S. 374) und weiter auch in der dritten Auflage seines Werks „Heat considered as a mode of motion" (deutsch nach der 4. Auflage des Originals, Braunschweig 1894, S. 693) bekennt. Weyrauch hatte diese Autobiographie Mayers von Tyndall zurückerbeten, aber dieser hatte, in einer Rekonvaleszenz begriffen, ihm dieselbe für später in Aussicht gestellt. So mußte Weyrauch sein Werk ohne diese abschließen und war genötigt, sich an das Konzeptmanuskript zu halten. Es ist von Weyrauch in den Kommentaren zur dritten Auflage der „Mechanik der Wärme" weitgehend verwendet worden.

S. 9 ist bezüglich der Krankheitsgeschichte Dr. Landerers davon die Rede, daß Mayer unter nicht realisierbaren, sehr hochgespannten Erwartungen in betreff seiner Entdeckung und der von ihm erhofften Anerkennung gelitten habe. Im Einklange hiermit sowie mit der eben besprochenen Korrespondenz mit Lang lautet das eben erwähnte Schriftstück hierzu: „Es ist möglich, daß das Ausbleiben jedweder Anerkennung, auf die ich vorschnell gerechnet hatte, das seinige dazu beigetragen hat, meinen Eifer für die Wissenschaft zeitweise abzukühlen; gewiß ist, daß zu jener

Zeit das Interesse für transzendentale religiöse Wahrheiten mit unwiderstehlicher Gewalt bei mir hervorzutreten anfing... Mit der leidenschaftlichen Hast, mit der Exklusivität, die ich als Temperamentfühler zu beklagen habe, warf ich mich sofort auf dieses Gebiet." „Was ich mir aber zu jener Zeit still zu denken verbot," heißt es an anderer Stelle weiter, „will ich jetzt ohne Rückhalt bekennen. Es lebte in mir ein Verlangen nach Anerkennung, und so sehr ich auch ein solches Gefühl als sündhaften Hochmut niederzukämpfen bemüht sein mochte, so ging es doch über meine Kräfte, mein wissenschaftliches Bewußtsein in mir zu unterdrücken und die systematische Opposition, die man allenthalben meinen, wie sich inzwischen herausgestellt hat, völlig begründeten Behauptungen entgegengesetzt hat, mußte eine von Tag zu Tag steigende Bitterkeit in mir hervorrufen."

Seit dem Herbste 1851 hatte Mayer wieder an seinen Erregungen stärker zu leiden, und zwar, wie Weyrauch berichtet, öfter und auf bedenkliche Weise, beinahe in regelmäßigen Intervallen. Da in den ersten Tagen des April wieder eine heftige Aufregung auftrat, auf welche keine ordentliche Beruhigung folgte, so entschloß sich Mayer, in die unweit Eßlingen gelegene Heilanstalt Kennenburg einzutreten, welche Nervöse und psychisch Kranke aufnahm und besonders als Kaltwasserheilanstalt einen Ruf hatte. Diese Anstalt hat Mayer in späteren Jahren noch wiederholt aus Gesundheitsrücksichten aufgesucht (1856, 1865 und 1871). Dieses erste Mal mißfiel es ihm aber dort. Nach Weyrauch war ihm die Hausordnung damals zu „kasernenmäßig". Auch zeigt ein Brief aus Kennenburg an seine Frau vom 21. April 1852 (Weyrauch, Kleinere Schriften, S. 340), daß er bald unter übler Stimmung litt und daß ihm die kalten Vollbäder nicht dienten. In dem Briefe ist auch der Hofrat Zeller, der Direktor der Irrenheilanstalt Winnental bei Winnenden erwähnt. Es sei hierbei erwähnt, daß die Eltern und der Bruder der Frau Mayers in Winnenden ansässig waren. Der Schwiegervater Mayers war der dortige Kaufmann und Stadtpfleger Cloß. Die eine Schwägerin Mayers heiratete übrigens am gleichen Tage wie Mayer selbst einen Bruder von Mayers Jugendfreund G. Rümelin, dem späteren Kanzler der Universität Tübingen und württembergischen Staatsminister, dem wir die wertvollen biographischen Mitteilungen über Mayer verdanken. Letzterer vollzog damals als

Kandidat der Theologie auch beide Trauungen. Weiter ist hier nicht ohne Interesse, daß Mayers Studienfreund Griesinger, der später berühmte Psychiater, von 1840 bis 1842 eine Assistentenstelle bei Direktor Zeller in der Anstalt Winnental innehatte und auch der Familie Cloß gut bekannt war (Brief Mayers an Griesinger vom 5. Dezember 1842).

Da Mayer in Kennenburg nicht bleiben wollte, gleichwohl aber noch erholungsbedürftig war, so ist es deshalb leicht begreiflich, daß er mit seiner Frau nach Winnenden zu den Schwiegereltern ging, wo er ja auch sonst nicht ganz fremd war. Leider besserte sich sein Befinden hier nicht. Er begab sich deshalb zu Direktor Zeller und sprach mit diesem von seinem mangelhaften Gesundheitszustande, zugleich aber klagte er über seine unbehagliche, isolierte Stellung und drückte den Wunsch aus, jemanden kennen zu lernen, der geneigt und befähigt wäre, in Beprechung verschiedener Ideen, die ihm am Herzen lägen, einzugehen. Zeller riet ihm, nicht nach Stuttgart zu gehen, wie Mayer gern gewollt hätte, sondern er empfahl ihm seinen Freund Lang und den Dr. Landerer in Göppingen, einen Mayer ebenfalls von seiner Studienzeit her bekannten Kollegen, welcher Zeit zu geistigem Gedankenaustausch habe und bei dem Mayer am besten auf seine Rechnung kommen werde. Landerer hatte damals zusammen mit dem Oberamtsarzte Dr. Palm eine Privatirrenanstalt in Göppingen gegründet. Als nun Mayer nach Göppingen kam, begab er sich zuerst zu Lang. Aus den Mitteilungen Langs an Weyrauch (Weyrauch, Kleinere Schriften, S. 344) geht hervor, daß Mayer bei diesem Besuche stark und ängstlich erregt war und daß er dabei Lang gegenüber in einer Weise von seiner Sündhaftigkeit sprach, die in dem Priester alsbald den Gedanken an eine geistige Erkrankung erweckte. Lang redete deshalb Mayer zu, einige Tage bei Landerer zuzubringen. Mayer ging darauf ein. Er wollte aber sogleich mit diesem und mit Lang in so leidenschaftlicher Weise und so ungeheurem Ideenzuge verschiedene ihn interessierende physikalische Dinge besprechen, daß Landerer zunächst sehr besorgt wurde (Landerers Brief an Zeller vom 2. Mai 1852). Mayer war von dieser Teilnahme nicht befriedigt. Er wollte völlig gesund sein und wurde über jede ärztliche Frage ärgerlich. Er schickte sich daher auch nach zwei Tagen an, wieder abzureisen. Landerer ließ ihn deshalb auf den Bahnhof

begleiten. Mayer sagt über das nun Folgende selbst (Manuskriptkonzept Weyrauchs): „Da ich den Zweck meiner Reise verfehlt
sah, beschloß ich nach wenigen Tagen meines dortigen Aufenthalts in einem desperat zu nennenden Seelenzustande wieder nach
Hause zu gehen. Schon hatte ich auf dem Bahnhofe die Karte
gelöst, als sich meine innere Unruhe, meine Seelenangst bis zur
Bewußtlosigkeit steigerte, und ich erinnere mich nur noch traum-
artig dunkel, daß ich von Herrn Dr. Landerer in einem Kabriolett
wieder abgeholt und in seine nahegelegene Anstalt zurückgeführt
wurde. Nun verläßt mich mein Gedächtnis; ich verfiel in ein
furibundes Delirium." Nach Landerers Mitteilung an Zeller
(2. Mai) hatte Mayer einen maniakalischen Anfall mit großem
Zerstörungstrieb, Geschrei und teilweise starker Ideenjagd. Am
nächsten Tage besuchte Lang den Patienten. Auf dessen Frage,
was Lang wolle, begann dieser: „Mayer, glaubst du, daß ich es
gut mit dir meine?", worauf Mayer antwortete: „Da muß ich zuerst Gott fragen." Darauf folgte ein neuer Anfall. Nur mit Mühe
konnte der Kranke gehalten werden. Abends wurde es wieder besser,
als aber den nächsten Tag der Anfall wiederkehrte, schrieb Landerer an Zeller, Mayers Frau möge sich schlüssig machen,
ob Mayer nach Winnental oder Kennenburg zurückgebracht
werden solle. Die Einrichtungen seiner eigenen Anstalt seien
noch mangelhaft. Auch habe Mayer nach seiner Frau verlangt.

Am nächsten Tage war Mayer beim Besuch Langs zwar
wieder ruhig, doch dauerte diese Erregungsphase nach Landerer
im ganzen sechs Tage. Die nun folgende Besserung ist deshalb
vielleicht schon eingetreten gewesen, als Mayers Frau anlangte,
auf deren Wunsch nach Mayers Aufzeichnungen Landerer Blutentziehungen vornahm. Mayer setzt hinzu, daß seine Frau in
den letzten zwei Jahren mit solchen Anfällen vertraut geworden
sei. Frau Mayers Besuch scheint kurz gewesen zu sein (Mayer:
„sie konnte sich beruhigt auf den Heimweg machen, um den
Kindern die Mutter wiederzugeben"). Mayer blieb vorläufig in
Göppingen.

Sein weiterer Zustand war großen Schwankungen unterworfen.
War Mayer beschwerdefrei, so konnte er mit Lang, der ihn häufig
aufsuchte, spazieren gehen oder auch allein den beiden von Tübingen her bekannten Apotheker Mauch besuchen. Am 12. Juli
1852 schrieb Landerer an Zeller, seit zwei Monaten wechselten

die heftigsten Tobsuchtsanfälle mit zwei- bis dreitägigen Remissionen. Der gegenwärtige Zustand sei nun zwar etwas befriedigender, dagegen biete gerade die ruhigere Periode der Krankheit für das frühere Verhältnis des Freundes und Studiengenossen ganz eigentümliche, fast unübersteigliche Schwierigkeiten in der Behandlung, so daß die dringende Bitte um möglichst baldige Versetzung nach Winnental als eine sehr wohlbegründete erscheinen werde.

Mayers Aufenthalt in der Göppinger Anstalt währte drei Monate. In der späteren Zeit nahmen die Remissionen, welche anfänglich depressiven Charakter gehabt hatten, ebenfalls ein manisches Gepräge an (große Lustigkeit, sehr selbstgefällige Stimmung).

Es ist erklärlich, daß infolge dieser psychischen Veränderungen die sorgfältige Obhut des Patienten ernstlich geboten erschien, um so mehr, als er bei seiner Neigung zu Augenblickshandlungen besondere Veranlassung zur Vorsorge gab. In dieser Beziehung wußte man sich damals noch schlecht zu behelfen. Die Einrichtungen, mit denen wir heute zur Behandlung solcher Zustände schreiten, fehlten noch oder waren erst in den Anfängen, so die eigenen Abteilungen mit besonders geschultem Personal, die Behandlung mit dem lauen Dauerbad, mit Einpackungen, mit Narkoticis und Schlafmitteln. Man begnügte sich daher, die Kranken abzuschließen und, wenn sie zur Selbstbeschädigung neigten, so suchte man sie zu immobilisieren. Da Mayer bereits einmal zwei Stock hoch zum Fenster hinuntergesprungen war, so war große Vorsicht geboten.

Wir wissen heute, daß alle solche direkten Maßnahmen der Beschränkung der Bewegungstätigkeit der Geisteskranken nachteilig wirken. Sie versetzen den Kranken, der ohnedies doch an gesteigertem Bewegungs- oder Betätigungsdrange leidet, in eine noch größere innere Spannung und Unruhe, ihre Anwendung geht gleicherweise gegen das Gefühl des Kranken wie des Pflegers, und die Erinnerung ihrer Applikation hinterläßt bei ersterem häufig nachträglich eine Empfindung von Bitterkeit, einen Stachel. So ist denn die Einschränkung und Abschaffung der Koerzitivmaßnahmen von den einsichtigeren Elementen unablässig angestrebt worden, aber sie wurde erst dann gut möglich, als man der Behandlung der Kranken entsprechend eigene neue Methoden kennen gelernt hatte, als man die ersteren zu entbehren vermochte, und der Psychiater befand sich hierin in der gleichen Lage, wie der Chirurg vor der Erfindung des Äthers und des Chloroforms.

Die Koerzitivmaßnahmen, welche um die Mitte des vorigen Jahrhunderts in den auf der Höhe der Zeit stehenden Irrenanstalten noch angewendet wurden, waren die Zwangsjacke und der Zwangsstuhl.

Die Zwangsjacke war ein kurzes Jackett aus sehr festem Stoff, meist Drillich, dessen Ärmel etwa auf das Doppelte der gewöhnlichen Länge ausliefen und an den Enden mit Bändern versehen waren. Die hinten offene Jacke wurde so angezogen, daß die langen Ärmel um Brust und Rücken geschlungen und geknüpft wurden, so daß die Arme vorn in halber Beugestellung festgehalten wurden. Die Zwangsjacke ist heute in keiner Heilanstalt, die diesen Namen verdient, auf der Krankenabteilung in dauernder Verwendung. Diese kann nur noch im Notfalle und ausnahmsweise für erlaubt gelten, z. B. zum Zweck auf andere Weise nicht zu bewerkstelligender Verhütung von Unglück seitens eines gefährlichen Kranken außerhalb der Anstalt u. dgl.

Der Zwangsstuhl war ein großer gepolsterter Lehnstuhl mit hoher Rückenlehne und Seitenlehnen (Backen), so daß der Kopf des Kranken überall gestützt werden konnte. Der Oberkörper wurde mit Hilfe eines breiten Gurts an die Rückenlehne, die Unterarme mit breiten Riemen an den vorderen Teil der Seitenstützen, die Unterschenkel ebenso an die Fußenden des Stuhls angeschnallt (P. J. Schneider, Entwurf einer Heilmittellehre gegen psychische Krankheiten oder Heilmittel in Beziehung auf psychische Krankheitsformen, Tübingen 1824).

Vorrichtungen, welche ausschließlich der Disziplinierung der schwierig zu behandelnden Kranken dienten, wie die Drehmaschinen, wurden in den Mitte des vorigen Jahrhunderts neu gegründeten Anstalten kaum mehr verwendet. Die Applikation der Zwangsjacke und des Zwangsstuhls konnte, wenn sie längere Zeit fortgesetzt wurde, schmerzhaft werden und bei stärker andauernder Unruhe die Haut, die Anwendung des Zwangsstuhls auch die Gelenke schädigen. Letzteres war natürlich noch in unverhältnismäßig höherem Grade der Fall gewesen bei der bis zum Ende des achtzehnten Jahrhunderts üblichen, uns jetzt völlig barbarisch erscheinenden Ankettung der unglücklichen Unruhigen. Die Zwangsjacke ist in Deutschland auf der Krankenabteilung seit der Mitte der sechziger Jahre bald gänzlich fortgefallen. Im Auslande erhielt sie sich auch in besseren Anstalten stellenweise noch bis zu Ende des vorigen Jahrhunderts. Der Zwangsstuhl ist speziell in den württembergischen Anstalten noch vor 1869 abgeschafft worden.

Die Bewegungsbeschränkungen mittels der angeführten beiden Maßnahmen sind nun auch bei Mayer wegen seiner Selbstgefährlichkeit, seiner Erregungszustände und seiner Neigung in diesen zu zerschlagen, zu zerreißen u. ä. in Anwendung gebracht worden. Auch die auf Landerers Brief an Zeller aus den angeführten Gründen hin erfolgte Transferierung Mayers am 31. Juli 1852 nach Winnental geschah nach eigener Angabe Mayers in einer Zwangsjacke. Alles dies ist gewiß schmerzlich und grade im Falle Mayers womöglich noch mehr zu beklagen, als es an sich schon wäre, aber ein Vorwurf kann hier niemanden treffen, denn es war, wenn auch ein Notbehelf, gleichwohl doch auch das letzte Wort der damaligen Wissenschaft, und die Psychiater dieser Zeit hatten den gleichen guten Glauben in diese Methode, als beispielsweise die nicht steril operierenden Chirurgen, Gynäkologen und Ophthalmologen der vorantiseptischen Zeit, welche ebenfalls nicht weniger weit in unser Zeitalter hineinreicht, zu den ihrigen.[1])

Mayer wurde in Winnental auf Antrag seines Schwagers Carl Cloß in Winnenden vom 14. Juli 1852 im Auftrage von Mayers Frau und zwar in die zweite Verpflegungsklasse aufgenommen. Als Veranlassung zur Aufnahme wird im Krankenbericht bezeichnet „periodisch geisteskrank seit drei Jahren, familiäre Anlage, Tollheit". Zunächst blieb der Zustand unverändert. Erst gegen Ende des Jahres wurden die Remissionen wieder länger. Dann wurde der Zustand wieder ungünstiger bis zum März 1853, in welchem wiederum längere Remissionen einsetzten. Vom April an zeigte sich dann langsam fortschreitende, wenn auch vielfach unterbrochene Besserung. Am 1. September 1853 wurde Mayer, der auf Entlassung drängte, „gebessert beurlaubt". Die Prognose

---

[1]) Siehe hierzu E. Hess, Einige Mitteilungen über die Behandlung der Geisteskranken bis zu ihrer Aufnahme in die Anstalt. (Allgem. Zeitschr. f. Psych. 55. Bd. 1898. Hess zählte in den neunziger Jahren noch etwa 7% Anstaltsaufnahmen in der Zwangsjacke. Gegenwärtig ist eine solche Aufnahme überall selten geworden).

völliger Heilung war Anfang Juli, und zwar besonders in Anbetracht der Familienanlage des Patienten, in den Quartalsberichten als zweifelhaft bezeichnet worden.

Die ärztliche Behandlung bestand in Göppingen in Blutentziehungen und kalten Umschlägen. Narkotische Mittel hat Mayer weder in Göppingen noch in Winnental erhalten. In Winnental wurden ihm Blutegel gesetzt und laue Bäder und kühle Regendouchen, zuletzt auch einige kalte Bäder verabreicht.

Nach seiner Entlassung reiste Mayer zunächst auf einige Wochen in die Schweiz, besuchte bei dieser Gelegenheit auch sogleich wieder Lang in Göppingen, bei welchem er sich leidenschaftlich heftig über seinen Anstaltsaufenthalt äußerte. Dies geschah auch in der Folge nicht selten, und er gab in solchen Stimmungen öfter der Ansicht Ausdruck, er sei überhaupt nicht geisteskrank gewesen. Über diesen Aufenthalt selbst äußerte er sich immer sehr abfällig, und man vermied deshalb, ihn daran zu erinnern. Alles dies hatte keinen Einfluß auf seinen Zustand selbst. Die Erregungen kehrten auch in der Folge wieder, erreichten aber nicht mehr die gleiche Intensität. Nach den Mitteilungen Rümelins waren solche Perioden besonders gekennzeichnet durch äußerste Verletzlichkeit, durch sehr großen, oft wunderlichen Argwohn auch gegen seine nächste Umgebung, durch heftige langandauernde, Stunden, Tage, Nächte währende ununterbrochene Zornausbrüche, während welcher er beständig im Hause umherlief. Die geistigen Getränke, die er dann im Übermaß zu sich nahm, wirkten hierbei auf eine Verschlimmerung des Zustandes hin. Meist beruhigte er sich von selbst. Einige Male war dies aber nicht der Fall, und er entschloß sich wieder, eine Heilanstalt aufzusuchen, von selbst oder auf Zureden seiner Verwandten oder Freunde. Er wählte immer Kennenburg. Irgendwelcher Druck ist in dieser Beziehung nicht mehr auf ihn ausgeübt worden; einmal reiste er auch allein nach der Anstalt.

Mayer war in späterer Zeit noch dreimal in Kennenburg, vom 27. April bis 30. Mai 1856, vom 3. Oktober bis 1. November 1865 und von Mitte August bis Mitte November 1871. Im Gegensatz zu früher war er mit dem Anstaltsaufenthalt in dieser Zeit immer sehr zufrieden und rühmte diesen in verschiedenen an die Direktion und die Ärzte gerichteten Briefen (Weyrauch, Kleinere Schriften, S. 399ff).

Über Mayers letzten Aufenthalt in Kennenburg (1871) sind durch den damaligen dortigen Assistenzarzt Dr. A. Mülberger, später Oberamtsarzt, weitere Einzelheiten bekannt geworden („Zur Erinnerung an Robert Mayer". Frankfurter Zeitung 1879, Nr. 21 und 23).

Einige Tage nach seiner letzten Aufnahme daselbst verlangte Mayer, nachdem er kurz vorher bei der gemeinsamen Anstaltstafel bereits gewagte Reden geführt und sich auch sonst auffällig benommen hatte, stürmisch vom Arzt die Isolierung in der Zelle, woselbst, wie Mülberger berichtet, alsbald ein heftiger Ausbruch seiner Erregung statthatte. Solche Episoden traten bei Mayer dann noch mehrfach ein, etwa alle Monat einmal. Mayer selbst vermochte sich in dieser Beziehung gut zu beurteilen, und es bedurfte keiner besonderen Aufforderung des Arztes, um ihn zu veranlassen, sich im gegebenen Zeitpunkt von der Außenwelt zurückzuziehen. Diese Phasen stärkerer Erregung dauerten gewöhnlich nur wenige Tage an, doch war der Kranke dann meist schwer zu bewegen, die Zelle zu verlassen, da die nachfolgende depressive Oszillation des Anfalls, niedergedrückte Stimmung und Selbstanklagen, ihn hemmten, und wiederholt äußerte er in solchen Zuständen zu Mülberger, er atme erst auf, wenn er in der Zelle sei.

Mayer, der auf seinen Spaziergängen immer einen Diener mitnehmen sollte, verließ das eine Mal ohne Vorwissen des Arztes allein die Anstalt. Am zweiten Tage kam Nachricht aus Heilbronn, er befinde sich zu Hause, der Zustand sei aber wieder schlimm. Dr. Mülberger begab sich deshalb selbst nach Heilbronn, und der Kranke folgte ihm ohne größere Schwierigkeiten zurück, nachdem beide noch auf Mayers Wunsch Mayers Schwägerin, Frau Emma Cloß, die er sehr verehrte, einen kurzen Besuch gemacht hatten.

Nach diesem Vorfall erhielt der Pfleger den Schlüssel zu Mayers Kleiderschrank. Mayer griff aber zuletzt dennoch seiner Entlassung wieder vor, indem er ein Paar Stiefel und einen Rock, die er, von einem Spaziergang zurückkehrend, versteckt hatte, mit hinausnahm, sich in einem benachbarten Garten umzog und von neuem abreiste. Da inzwischen nach aus Heilbronn eingegangenen Mitteilungen Beruhigung eingetreten war, welche anhielt, so war ärztlicherseits nichts dazu zu sagen.

Im November 1871 erhielt Mayer, während er in Kennenburg war, auch die Nachricht von der Verleihung der Copleymedaille und die herzliche Gratulation seines Freundes Tyndall.

Nach Rümelin (l. c. S. 404) wurden in den späteren Lebensjahren die Erregungszustände Mayers dann seltener und weniger heftig und gingen rascher zurück. Rümelin selbst hat, wie er an anderer Stelle sagt, Mayer in dieser letzten Zeit nur noch vorübergehend gesehen.

Der Name Mayers, der von 1851 bis 1862 nichts Literarisches mehr produziert hatte, war in den fünfziger Jahren nur wenig bekannt geworden, und wo man etwas von ihm wußte, hielt man ihn vielfach für geisteskrank oder glaubte, er sei im Irrenhause gestorben (Liebig, Bohn, auch in Poggendorfs biographisch-literarischem Handwörterbuch und in Pierers Konversationslexikon hatte sich letzterer Irrtum eingeschlichen; s. Weyrauch, Kleinere Schriften, S. 346—352). Die Mitteilungen, welche Mayer 1851 auch an die Akademien in München und Wien gerichtet hatte, waren nicht zum Gegenstand von Diskussionen gemacht worden. Gleichwohl ging der Kampf um die Entdeckung weiter. Ein großer Gewinn erwuchs Mayer, als 1862 auf einer internationalen Versammlung John Tyndall, Professor der Physik der Royal Institution, der Nachfolger Faradays, daselbst einen Vortrag über die Mechanik der Wärme hielt und Mayers Verdienste um diese mit großem Nachdruck vertrat. Zwar knüpfte sich daran eine neue Polemik, da P. G. Tait seinerseits in öffentlichen Blättern Tyndall im Interesse Joules zum Vorwurf machte, er sei für das Ausland parteiisch. Tyndall antwortete mit Referaten und Kommentaren zu Mayers Schriften in englischen fachwissenschaftlichen Journalen. Dieser Streit selbst, in welchem auch Helmholtz ein- und Mayers Partei ergriff, berührte diesen, welcher sich begnügte, auf sein Schreiben an die Pariser Akademie von 1849 hinzuweisen, nicht mehr sonderlich, hatte aber seine Persönlichkeit stärker in den Vordergrund gerückt, und so erklärt es sich, daß Mayer von der Geschäftsführung der Versammlung der deutschen Naturforscher und Ärzte, welche im September 1869 in Innsbruck abgehalten werden sollte, eingeladen wurde, in einer der drei Generalversammlungen einen Vortrag zu halten. Mayer nahm an. Er sprach am 18. September, kurz nachdem Helmholtz geredet hatte, „Über notwendige Konsequenzen und Inkonsequenzen der Wärmemechanik". Er gab darin zunächst eine Beschreibung seines neuen kalorimetrischen Apparates zur direkten Messung der Leistung eines Motors durch Wärmeentwicklung, den Zech in Heilbronn konstruiert hatte, ging aber dann auf sein Lieblingsthema, die Entstehung der kosmischen Wärme über und auf die Umsetzung der Sonnenwärme in Erdmagnetismus, und warf die Frage auf, ob die Veränderungen der Deklination der Magnetnadel und der magnetischen Pole den Veränderungen des meteorologischen Äquators, der durch die Kalmenzone gegeben sei, konform wären. Zuletzt verbreitete er sich über die Physik als Hilfswissenschaft der Physiologie und Metaphysik. Wenn auch die Theorie der Erhaltung der Kraft ebenso für die belebte Natur gelte, so sei dennoch der Satz „Ex nihilo nihil fit" auf die leblose Natur beschränkt. Das geistige Prinzip unterliege ihm nicht. Er schloß mit den Worten, eine richtige Philosophie dürfe und könne nichts anderes sein, als eine Propädeutik für die christliche Religion.

Dieser Schluß des Vortrags, in welchem Mayer auch die Namen aller derjenigen genannt hatte, welche am gleichen Probleme gearbeitet hatten, wurde als nicht mehr recht zur Sache gehörig von einigen Seiten mit hörbaren Zeichen der Verwunderung aufgenommen, die allerdings in dem allgemeinen Beifall untergingen. Mayer scheint erstere nicht bemerkt zu haben (Brief an seine Frau, 18. September). Er reiste einige Tage vor Schluß der Versammlung ab. Inzwischen hatte indes ein Bericht über diese den Weg in die Tagesblätter gefunden. Einen solchen hatte auch Carl Vogt[1]) abgefaßt (Kölnische Zeitung, 22. September), und in diesem unter anderem gefragt, ob die Geschäftsführung der Versammlung, welche den Mann zu einem Vortrag einlud, die Stelle in Tyndalls Vorrede zu seinem Buche „Heat considered as a mode of motion" nicht gelesen hätte, worin der Engländer, der Mayers Anrecht gegen Joule verfochten hätte, zugleich beklagte, daß des Entdeckers Geist von Nacht umhüllt sei (Tyndalls Werk enthält nach Weyrauch nirgends einen solchen Passus). Staunend habe sich die Versammlung bei diesem Vortrag ohne Zusammenhang, ohne klare Gedanken, ohne Folgerich-

---

[1]) Carl Vogts Autobiographie („Aus meinem Leben, Erinnerungen und Rückblicke", Stuttgart 1896) reicht nur bis zum Jahre 1845. Sie wurde durch den im Mai 1895 erfolgten Tod Vogts abgebrochen.

tigkeit der Schlußfolgerungen angesehen; wer das Unglück nicht gewußt habe, hätte den Vortrag mit dem Namen nicht zusammenbringen können. Diesen oder einen ähnlichen Artikel nun hat Mayer auf der Rückreise in München zu Gesicht bekommen. Er verfiel dadurch im Gasthofe wieder in einen seiner Erregungszustände, wurde indes erkannt und von einem Bekannten in ein Krankenhaus gebracht, wo er sich einige Tage aufhielt. Er konnte darauf nach Hause zurückkehren, ohne daß größere Vorsorge nötig war.

Merkwürdigerweise taucht kurz vor dem Tode Mayers, 1877, noch einmal die alte Rivalität mit Helmholtz hinsichtlich des Prioritätsstreites auf. Dieser hatte sich in seinem Vortrage „Über das Denken in der Medizin" unter anderem folgendermaßen geäußert: „Oberflächliche Ähnlichkeiten finden, ist leicht ... Unter einer großen Zahl solcher Fälle werden ja wohl auch einige sein müssen, die sich schließlich als halb oder ganz richtig erweisen. In solchem Glücksfalle kann man seine Priorität auf die Entdeckung laut geltend machen, wenn nicht, so bedeckt glückliche Vergessenheit die gemachten Fehlschlüsse ... Die heutige Art, Prioritätsfragen nur nach dem Datum der ersten Veröffentlichung zu entscheiden, ohne dabei die Reife der Arbeit zu beachten, hat dieses Unwesen sehr begünstigt."

Durch diesen Passus fühlte sich Mayer offenbar getroffen. Er hatte um so mehr Grund dazu, als kurz zuvor E. Dühring, Privatdozent für Physik und Philosophie, von der Berliner Fakultät removiert worden war, welcher mit Helmholtz Disharmonien gehabt hatte, aber ein enthusiastischer Verehrer Mayers war, der ihn im Juli 1877 auch einmal von Heilbronn aus in Wildbad besucht hatte. Mayer rezensierte nun den Vortrag von Helmholtz in den „Memorabilien", 1877, S. 524, und verbreitete sich in dieser Besprechung über das angeschnittene Thema wie folgt:

„Bekanntlich hat Arago den Grundsatz ausgesprochen: ‚Bei Prioritätsfragen entscheidet nur das Datum der Veröffentlichung.' Diesem Grundsatze entsprechend habe ich durch meine kurze Abhandlung in Wöhlers und Liebigs Annalen, Maiheft 1842, mein Prioritätsrecht auf die mechanische Wärmetheorie zu sichern gesucht. Zugegeben ist, daß das in den Boden gelegte Saatkorn noch nicht zur Ernte reif ist. Kaum drei Jahre später aber habe ich in einer besonderen Schrift, ‚Die organische Bewegung' usw., 1845, die genannte Theorie viel ausführlicher begründet und die mir als Arzt naheliegende Anwendung auf Physiologie und teilweise auch auf Pathologie gemacht. Der Leser, der sich aber die Mühe nehmen will, die zweite Auflage meiner ‚Mechanik der Wärme', Stuttgart 1874, zur Hand zu nehmen, wird leicht finden, daß die von mir schon 1842 gepflanzte Saat inzwischen zur Reife gediehen ist.“

Die eben besprochene Angelegenheit gehört zwar eigentlich nicht mehr zur Krankheitsgeschichte Mayers. Da aber zur Bewertung der ärztlichen Ansichten über die Ursachen von Mayers Erkrankung die Prioritätsstreitigkeiten hier abgehandelt werden mußten, so durfte das letzte hierzu in Beziehung stehende Vorkommnis hier auch Erwähnung finden. Ferner sei aus Gründen allgemeinen Interesses noch bemerkt, daß der letztzitierte Passus Mayers, zugleich der Schluß der Rezension, auch das letzte ist, was Mayer überhaupt für die Öffentlichkeit geschrieben hat.

Im Jahre 1877 entwickelte sich bei Mayer eine tuberkulöse Anschwellung am rechten Arme, welche ihn namentlich auch die Feder zu führen hinderte. Mayer stellte selbst die Diagnose. Der Rückschluß auf ein ursächliches entsprechendes Lungenleiden lag um so näher, als Mayers Lungen bereits früher Symptome gezeigt hatten und Dr. Hussell in Kennenburg bereits zur Vorsicht in dieser Beziehung geraten hatte. Mayer erlag wie seine Mutter der Lungentuberkulose, 20. März 1878.

Mayer war von Statur gut gewachsen, etwas, aber wenig, über Mittelgröße, in jüngeren Jahren schlank, aber ziemlich kräftig. Er trug sich gewöhnlich, auch in sitzender Haltung, etwas nach vorn gebeugt. War er nicht von anderer Gesellschaft absorbiert, so war er fast immer in Gedanken versunken und, wenn er allein durch die Straßen ging, so blickte er stets versonnen vor sich hin. Sein dunkles, dicht umbuschtes, braunes Auge war im Gespräch lebhaft, wenn er interessiert war, nach Rohlfs auch ungemein ausdrucksreich[1]). Mayer war kurzsichtig und trug Brillengläser.

---

[1]) Deutsches Archiv für Geschichte der Medizin und medizinische Geographie. Leipzig 1879, S. 349. Speziell die hier in Betracht kommende Schilderung erscheint uns im übrigen etwas zu persönlich gehalten.

Auf das Äußere seiner Person legte er nicht mehr Wert, als ihm angemessen erschien.

Im Gespräch war er, wie in der Jugend so auch in den späteren Jahren oft animiert, in den Wendungen mitunter drastisch. Lebhaft muß er auch in seinen Geberden gewesen sein. Mülberger spricht von der unnachahmlichen, sehr energischen und charakteristischen kreisförmigen Geste seines Unterarms und der Hand, mit der er Gesprächsthemen, die ihn ennuyierten, abzubrechen pflegte. Die Rede hatte deutliche schwäbisch-dialektale Färbung.

Das Gesicht war nicht ganz proportioniert. Mund und Ohr waren groß. Um den Mund soll er später zuweilen eine etwas sarkastische Miene und im höheren Alter auch etwas scharfgeschnittene (Mülberger „verwetterte") Züge gehabt haben. Ein schwacher Bart umrahmte das Antlitz. Sein Haupthaar erhielt sich bis ins Alter.

Im Verkehr war er nach Mülberger gewöhnlich heiter, freundlich und voll Wohlwollen. Nach Heinrich Rohlfs (s. 1.) konnte Mayer, wenn er bei Stimmung war, bestrickend liebenswürdig und selbst noch im höheren Alter bis zur Überschwänglichkeit und Kindlichkeit unmittelbar sein. Er konnte geistreich sein und liebte sogar sehr die schlagenden und scharfpointierten Wendungen, schätzte auch das Aperçu namentlich auch bei anderen (Rohlfs).

Letztere Schilderung zeigt im Grunde nichts anderes, als daß sich das gewaltige Temperament Mayers bis ins Alter erhalten hat.

Nach dem Vorangegangenen stellt sich der Hergang der Erkrankung Mayers in kurzer Übersicht folgendermaßen dar.

Der jüngste Sohn eines gut beanlagten, aber etwas sonderlichen Vaters und einer etwas schwachbegabten Mutter, die lange Zeit an nervösen Lähmungserscheinungen gelitten hat, ist intellektuell etwas einseitig, aber gut veranlagt, geistig sehr lebhaft mit Neigung zum raschen und weiten Ausfahren der Gedankengänge, zeitweilig sehr eigenwillig und, wie alle seine Angehörigen, gutherzig, aber etwas wunderlich, empfindlich und sehr heftigen Naturells. Er hat keine körperlichen Krankheiten durchgemacht, zeigt aber in späteren Jugendjahren leichte Stimmungsschwankungen, Lebensüberdruß, hypochondrische Anwandlungen. Als er seine Studien beendet hat, tritt er in Berufszwecken eine lange überseeische Reise an, auf welcher ihm der Grundgedanke einer großen naturwissenschaftlichen Entdeckung zufällt. Nachdem er in Ausübung seiner beruflichen Tätigkeit gegen Ende des vierten Lebensjahrzehnts seine wissenschaftlichen Erörterungen darüber abgeschlossen hat, welche nur sehr wenig Beachtung finden, steigert sich seine seit jeher leicht anwachsende Erreglichkeit auffällig nach einer das Ansehen seiner wissenschaftlichen Leistung bedrohenden Kränkung, gegen welche er sich nicht verteidigen kann, nach einigen rasch hintereinander erfolgten Todesfällen einiger seiner Kinder und nach einem sehr aufregenden Erlebnis in unruhigen Zeiten. In einem Zustand starker Erregung springt er nach einer schlaflos verbrachten Nacht am frühen Morgen bei sehr heißem Wetter aus dem Fenster des zweiten Stocks seiner Wohnung, ohne sich indessen lebensgefährlich oder sehr folgenschwer zu verletzen. Während des längeren Krankenlagers infolge der immerhin ziemlich eingreifenden Läsion legt sich der Erregungszustand, und er wird wieder arbeitsfähig. Nach Verlauf etwa eines Jahres verschlimmert sich sein Befinden wiederum. Große Reizbarkeit, hypochondrische Stimmungen, Versündigungsgedanken treten auf. Nach einigen Monaten stellt er seine Tätigkeit ein und sucht eine Nervenheilanstalt auf. Er findet hier keine Besserung und begibt sich in innerer Unruhe zu der Familie seiner Frau. In einer Konsultation bei einem sachkundigen Arzt wird ihm geraten, seinem Wunsche entgegenkommend, zur gesundheitlichen Erholung und zum unterhaltenden Gedankenaustausch einen Studienfreund aufzusuchen, welcher ihn eventuell auch ärztlich beraten könnte. Dortselbst zunächst einen alten Jugendfreund, jetzt Vikar, besuchend, spricht er diesem in großer Erregung in einer dem Geistlichen unverständlichen Art von seiner Sündhaftigkeit. Durch dessen Vermittlung freiwillig in eine Privatirrenanstalt aufgenommen, will er diese nach zwei Tagen wieder verlassen und abreisen, muß jedoch wegen eines sehr heftigen Anfalls seiner Erregung auf dem Bahnhofe wider Willen in die Anstalt zurückgebracht werden. Hier stellen sich in der Folge wiederholte tobhafte Aufregungszustände ein, deren Zwischenzeiten anfänglich durch depressive Phasen gekennzeichnet sind, während sie später heitere Erregung zeigen. Sinnestäuschungen und Wahnbildung fehlen. Da der Zustand sich nicht bessert und die Anstaltsleitung den chronisch werdenden Fall nicht weiter behandeln kann, wird der Patient nach drei Monaten einer Staatsirrenanstalt überwiesen. Dortselbst dauert das letztbeschriebene Bild noch etwa dreiviertel Jahre unter einigen Intensitätsschwankungen an, klingt aber dann allmählich fast ganz ab, so daß der Kranke im ganzen nach weiteren dreizehn Monaten gebessert beurlaubt werden kann. Seit dieser Zeit bleibt der Patient von stärkeren langanhaltenden Erregungen im allgemeinen frei. Diese zeigen sich nur noch hin und wieder vorübergehend als körperlicher Bewegungsdrang, Gereiztheit, Mißtrauen, nötigen ihn aber sechs, fünfzehn und einundzwanzig Jahre nach der ersten Erkrankung zu mindestens jeweils mehrwöchentlichem, erneutem Anstaltsaufenthalte. Gelegentlich schließen sie sich nachweislich an äußere schädliche Einwirkungen an, welche indes jetzt keine erhebliche Rolle mehr spielen.

Das Wesentliche an dem pathologischen Bilde sind also anfallsweise auftretende Zustände großer physischer und psychischer Erregtheit, sehr heftiger Bewegungsdrang des Körpers unter gleichzeitig gesteigerter Tätigkeit der Kreislaufs- und der Respirationsorgane, Zustände, welche jeweils einige Stunden bis Tage dauern. Diese waren auf dem Höhepunkte bedrohlich durch abrupte, selbstgefährliche Handlungen (Fenstersprung) und lange Zeit für die Umgebung so störend, daß das Zusammenleben mit der Familie unmöglich wurde. Die Vorstadien und die Zwischenzeiten zeigten dabei melancholische, letztere später auch heitere Umstimmung. Die Intelligenz war nur insoweit mitbetroffen, als die abnormen Gefühlsvorgänge sie beeinflußten. Der Ideenablauf war in der Erregung sehr beschleunigt, auf der Höhe der Erkrankung zusammenhanglos (Ideenflucht) und je nach der Phase zornigen, ängstlichen oder gehobenen Inhalts. Das Krankheitsbild geht das eine Mal erst nach anderthalbjähriger Dauer in annähernde Genesung über.

Erregungszustände dieser Art bezeichnet man als maniakalische, wenn sie normale Zwischenzeiten einschließen, oder solche, welche dem Bilde des Anfalls in der Grundstimmung im ganzen entsprechen, als zirkuläre oder alternierende, wenn sie zugleich depressive Verstimmungen aufweisen oder wenn sie mit depressiven Zuständen von längerer oder kürzerer Dauer abwechseln. Es handelte sich also bei Mayer seit Herbst 1851 um erhebliche Stimmungsschwankungen bereits pathologischer Art, ein Vorstadium, welches im Frühjahr 1852 in eine deutliche depressive Erregung, einige Wochen darauf in eine rein maniakalische Phase mit hypomanischen Remissionen überging. Im ganzen hat also die zweite Psychose Mayers etwa zwei Jahre gedauert, wovon etwa ein halbes Jahr auf die einleitende Verschlechterung des Allgemeinbefindens (initiale Verstimmung), einige Wochen auf den depressiv-manischen, beinahe ein Jahr auf den manisch-hypomanischen Abschnitt und wiederum einige Monate auf die Rekonvaleszenz der Krankheit entfallen.

Die Krankheit ist nicht über Mayer gekommen wie ein Blitz aus heiterem Himmel, sondern sie traf einen Mann, der psychisch niemals gesund gewesen, in psychiatrischem Sinne nicht „wohlgeboren" war. Trotzdem man zur Zeit der Erkrankung Mayers auf die Erblichkeitsforschung noch nicht so viel Gewicht legte als jetzt, und von „Entartung" vollends noch gar keine Rede war, so zögerten die Ärzte dennoch nicht, das Leiden auf Rechnung einer erblichen oder Familienanlage zu setzen, und Zeller bemerkt deshalb am Schlusse des Berichts ausdrücklich, daß die Aussicht auf völlige Genesung infolge der abnormen Anlage des Patienten geschmälert sei. Man wird sich in dieser Beziehung den Ärzten auch heute anschließen müssen. Die erbliche Belastung von der Seite der Mutter her ist ziemlich sicher, und auch von seiten des Vaters ist sie, auch wenn man auf Rümelins Mitteilung, dieser sei von kleiner Statur und großem Kopfe gewesen, nicht viel Wert legt, angesichts seines etwas wunderlichen Wesens nicht ausgeschlossen. Am meisten spricht aber für die pathologische Heredität, daß alle Angehörigen der Familie, auch die Brüder, wiewohl der zweite weniger als der älteste und der jüngste, sehr leicht erregbar und besonders leicht zum Zorn geneigt waren. Dabei waren sie jedoch alle sehr gutmütig, und Robert Mayer selbst war in der Familie allen herzlich zugetan und besonders zu den Kindern sehr zärtlich. Solche abwechselnde Extreme einer krankhaften Heftigkeit und überschwänglichen Güte sind ja bei neuropathischen Persönlichkeiten nichts Seltenes. Diese Heftigkeit ließ aber Mayer gern schon in gesunden Tagen in krassen Worten und entlastenden momentanen Augenblickshandlungen, dem Zerbrechen eines Gegenstandes u. dgl. abströmen. Aber auch trüben Stimmungen war er häufig in unverhältnismäßigem Grade unterworfen.

Zu diesen Besonderheiten seines Wesens kam noch ein gewisser außerordentlicher, mindestens sehr zäher Eigenwille, von dem Mayer schon früh einige auffällige Proben abgelegt hatte, z. B. in der Nahrungsverweigerung während des Untersuchungskarzers auf der Universität und auch wieder innerhalb der Familie. Auch dies schien den Ärzten bedeutungsvoll und sie trafen im Grunde auch hierin wieder das Richtige.

So sehen wir denn, daß in der pathologischen Veranlagung Mayers diejenigen Bestandteile in nuce schon vorhanden waren, aus welchen sich später das Zustandsbild auf dem Höhepunkte der Erkrankung vornehmlich zusammensetzen sollte. Die übermäßigen Stimmungsschwankungen, bald nach der depressiven, bald nach der gehobenen Seite, die Neigung zu schelten, etwas zu zerschlagen, gewaltige auffahrende Bewegungen zu vollführen, gipfelnd nicht in der Beschädigung anderer, sondern in der Selbstbeschädigung. Es möge an dieser Stelle bemerkt werden, daß auch trotzdem ein solcher Kranker für die Umgebung eine Gefahr bleibt, da er mit seinem mächtigen, nicht vorher zu berechnenden Bewegungsdrange auch unabsichtlich andere in Gefahr bringen kann.

Im Rahmen dieser die dereinstige psychische Erkrankung gewissermaßen vorzeichnenden morbosen Disposition Mayers dürfen wir hier auch nicht die zwar nicht für die Krankheitsform an sich, aber wohl speziell für Mayer bedeutungsvolle individuelle psychische Verfassung und die mit ihr zusammenhängenden religiösen Skrupel vergessen, auf welche an anderer Stelle noch genauer einzugehen sein wird.

Mayer ist also eigentlich nie ganz gesund gewesen. So war auch eine völlige Wiederherstellung im Sinne voller Gesundheit, wie Zeller richtig sagte, nicht zu erwarten. Er wurde eben nach dem Ablauf der Krankheit im ganzen wieder so, wie er vorher gewesen war. Einzelnes wird weiter unten hierüber noch zu sagen sein.

Man kann also von einer manischen oder manisch-depressiven Veranlagung Mayers reden.

Im Anschluß an eine überstandene Manie sind sogenannte chronisch - manische Zustände zur Beobachtung gekommen.

Wernicke (Grundriß der Psychiatrie in klinischen Vorlesungen, 2. A., 1906, S. 357) sagt hierüber, daß eine akute reine Manie niemals zu einer chronischen werde, ebensowenig wie etwa die freien Zwischenzeiten der zuweilen rezidivierenden Manien, wenigstens nicht in diesem Sinne der „chronischen Manie". Die Erkrankung stelle das Bild der akuten Manie dar, so wie es die Bedingungen eines chronischen stabilen Zustandes mit sich brächten, geringgradige Ideenflucht, gelegentlich heitere, meist etwas zornmütige Stimmung, gesteigertes Selbstgefühl, Kampflust; eine formale Denkstörung brauche dabei auch nicht andeutungsweise vorhanden zu sein. Wernicke meint, solche Zustände seien als „Heilungen mit Defekt" oder, wenn man daran Anstoß nähme, als durch eine Psychose erworbene Defektzustände aufzufassen.

Als Ausgang schwerer oder gehäufter Manien oder zirkulärer Psychosen ist auch hochgradiger geistiger Verfall, schon in leichteren Fällen zuweilen konsekutive, dauernde Charakterveränderung zu beobachten.

Es sei nun sogleich hinzugesetzt, daß es sich um einen Zustand der letzteren Art bei Mayer offenbar nicht gehandelt hat. Wenn man aber einzelnes, was über Mayer später geschrieben worden ist, losgelöst und ohne Zusammenhang mit der gesamten Lebensgeschichte zu Gesicht bekommt, so könnte man etwas derartiges leicht denken. Hierzu gehört z. B., was Rümelin an psychischen Veränderungen in späteren Jahren an seinem Freunde wahrzunehmen geglaubt hatte, und das verblüffende Zeugnis, welches Carl Vogt dem Forscher in seinem Berichte über die Naturforscherversammlung in Innsbruck 1869 auszustellen für gut befand. Hierüber soll später an geeigneterem Platze weiteres gesagt werden. An dieser Stelle genügt es festzustellen, daß bei einer Persönlichkeit wie derjenigen Mayers, welcher auch in späteren Jahren so viele Beweise hochentwickelter Intelligenz gegeben, scharfsinnige Originalbeobachtungen und Konstruktionen angestellt und viele vortreffliche Gedanken geäußert hat und bis ins Alter, wenn er nicht von Beschwerden geplagt war, immer ein liebevoller Gatte und Vater, ein teilnehmender und verständnisvoller Freund und Patriot gewesen ist, weder von einem bleibenden Defekt des Geistes noch des Herzens die Rede sein kann.

Hierfür bleibt namentlich auch das Zeugnis Mülbergers über seine späteren psychischen Zustände an dieser Stelle von Belang („Von Robert Mayer", Deutsche Warte, 1894; „Robert Mayer, ein Lebensbild", Vortrag, gehalten 16. November 1894 in Crailsheim und Frankfurter Zeitung, l. c.):

„Als Residuum der damaligen Erkrankung verblieb zunächst eine hochgradige Erregbarkeit der ganzen Gemütssphäre, die anfangs häufig, später immer seltener einen explosiven Charakter annahm und ihn des öfteren zu einem längeren oder kürzeren Aufenthalte in einem Asyl für Geisteskranke nötigte. Es ist aber wichtig, daran zu erinnern, daß die intellektuelle Sphäre bei Mayer auch in seinen heftigsten Erregungszuständen intakt blieb, und daß niemals Illusionen, Halluzinationen oder gar Schwächezustände bei ihm zu beobachten waren. Wenn man die Krankheit Mayers durchaus mit einem einzigen Worte nennen will, so konnte man ihn willenskrank nennen. Sein Geist blieb Herr über die Außenwelt, solange er lebte, aber die Impulse, die er von außen empfing, überwältigten seinen Willen und demgemäß hatte er die Reaktion gegen sie nicht mehr in der Hand. Kurz, es waren heftige gemütliche Erschütterungen, von denen er gepeinigt wurde und die unter Umständen schon bei ganz geringfügigen Anlässen ausgelöst werden konnten."

Mülberger will offenbar sagen, daß bei Mayer öfter die gesunde unmittelbare Hemmung der Willensregung gefehlt habe, eine Hemmung, welche eben unter anderem den manischen und hypomanischen Zuständen zukommt. Sonst gebraucht man in der medizinischen Psychologie den Ausdruck „willenskrank" wohl mehr für die krankhafte übermäßige direkte Herabsetzung des Willensvermögens.

Wir neigen demnach der Ansicht zu, daß Mayer ein geborener Neuropath war, und daß er als solcher eine nervöse Anlage gleich derjenigen seiner Brüder mitbekommen hatte, welche spontan von innen heraus oder auch unter Einwirkungen von Schädlichkeiten durch Steigerung einzelner ihrer Komponenten leicht in Krankheitszustände überging, welche maniakalische, hypomanische bzw. alternierende Form zeigten. Wir dürfen wohl annehmen, daß die periodischen Zustände dieser Art in gewisser Weise mit den vorhin beschriebenen verwandt sind, einem ähnlichen Boden entspringen als jene, aber sie sind doch wieder deutlich von ihnen unterschieden, vielleicht schon in der Entwicklung, jedenfalls aber in der Verlaufsart und in den Folgezuständen, und auch in letzterem Punkte gibt es insofern wohl auch Übergänge zu den erstgenannten, als auch von diesen leichteren Fällen nicht wenige mit fortschreitendem Lebensalter allmählich dennoch merkliche dauernde Beeinträchtigung der Intelligenz und der Gefühlssphäre erkennen lassen.

„Sehr viele Träger leichter Formen periodischer Geistesstörungen“, sagt Hoche („Über die leichteren Formen des periodischen Irreseins“, Halle 1897, Sammlung zwangloser Abhandlungen aus dem Gebiete der Nerven- und Geisteskrankheiten), „werden niemals oder erst ganz spät Gegenstand psychiatrischer Anstaltsbehandlung; ein großer Teil derselben gilt überhaupt nicht für krank; es führen von den noch physiologisch zu nennenden Schwankungen des psychischen Gleichgewichts zahlreiche Übergangsformen zu den schweren und schwersten Fällen, die von Anfang an zeitweise oder dauernd der Anstaltspflege bedürfen ... Angesichts der Tatsache des Vorhandenseins von allen möglichen Zwischengraden liegt ein berechtigter Kern in der Anschauung, daß jene auch an der Grenze der physiologischen Schwankungen stehende konstitutionelle Labilität nur dem Grade nach verschieden ist von dem, was als ‚periodische Geistesstörung‘ bezeichnet wird, daß sie nicht nur den Boden abgibt zur Entwicklung der periodischen Psychosen, sondern selbst gewissermaßen eine abortive Verlaufsform derselben darstellt.“

Die Träger solcher konstitutioneller Labilität zeigen nun meist bereits als Kind Irritabilität verschiedener Art, Launenhaftigkeit, Ungleichmäßigkeit in der Tätigkeit. Sie bleiben dann reizbar, Stimmungen und Stimmungswechseln sehr unterworfen, sind zuzeiten oft fieberhaft tätig, aufbrausend, ungeduldig bis zu arger Rücksichtslosigkeit, dann wieder leicht ermüdbar und leicht ablenkbar. Solche periodische auffällige Veränderungen des Wesens schließen sich auch besonders leicht an die Zeiten erhöhter psychischer oder auch körperlicher Inanspruchnahme oder Anspannung an, so an die Schulprüfungen, an die Kämpfe und Mißhelligkeiten des Daseins, an die Episoden des Liebeslebens, an die Krankheiten usf. Werden den Bedrohten stärkere Erschütterungen dieser Art oder stärkeres sonstiges körperliches

Übelbefinden erspart, so bleiben sie auch von diesen Gebresten ihrer Anlage häufig verschont. Mayer ist in dieser Hinsicht nur teilweise gut weggekommen. Er hat gegen das Ende des vierten Lebensjahrzehnts zwei Manien überstanden, zu denen sich in den nächsten zwanzig Jahren noch mehrere bemerkenswerte, aber relativ geringgradige manische Exazerbationen gesellten.

Im übrigen gibt die Manie und die Melancholie, welche gegenwärtig meistens als potentielle Teilerscheinung abnormer psychischer Periodizität betrachtet werden, hinsichtlich des Verlaufs der Einzelerkrankung mit die günstigste Voraussicht aller geistigen Störungen.

In den Zwischenzeiten der akuten Nachschübe der periodischen Psychosen zeigen die Betreffenden die nervösen und psychischen Besonderheiten, die sie in Form ihrer Belastung von Geburt an besitzen, und welche je nach der Persönlichkeit sehr verschieden sein können. Nur in den Fällen schwererer Belastung und schwerer Verlaufsarten des Leidens verändern sich die Patienten in den freien Zeiten im Sinne größerer Reizbarkeit und Beeinträchtigung der Intelligenz dauernd, manchmal schon früh bis zum völligen geistigen Verfall mit immerwährender Anstaltsbedürftigkeit.

Mayers abnorme Zustände stellen sich als keine reine Einheit, sondern als eine Mischform dar. Mayers Krankheit gehört nicht ganz ausschließlich der manischen Krankheitsgruppe an, denn wir sehen, daß ein Teil der akuten Phasen deutlich mit starken schädigenden, äußeren, psychischen Eindrücken verknüpft ist, so die erste schwere Erkrankung 1850. Bei anderen Krankheitsperioden vermissen wir aber eine palpable äußere Veranlassungsursache, z. B. beim Beginn der zwei Jahre währenden längsten Exazerbation des Leidens Herbst 1851, deren Ursache von Mayer selbst auf eine Gehirnentzündung zurückgeführt wurde. Wir müssen demnach eine Veranlagung annehmen, welche sowohl auf konstitutioneller Psychopathie als auf speziell manischer Disposition wurzelt. Höchstens könnte man sagen, daß vielleicht der konstitutionelle Faktor insofern als ein wesentlicherer erschiene, als er zuerst die Veranlassung zu einer stärkeren pathologischen Erregungswelle geliefert hat. Wir sind aber hier nicht genau genug unterrichtet, denn wir wissen nicht, ob dem Vorfall auf See, den Mayer „Sonnenstich" nannte, nicht doch etwas zugrunde gelegen hat, wenngleich man unter so außergewöhnlichen Verhältnissen auch zuerst wohl wieder an äußere mitwirkende Schädigungen denken müßte. Die psychopathische Konstitution Mayers ist wohl in gewissem Bereich gleichzeitig als eine depressive anzusehen. Schon in der Schulzeit hatte Mayer trotz guter Anlagen Schwierigkeiten beim Lernen, er hatte Zeiten, in denen er matt arbeitete und schlechter mitkam. Als ein Spielgefährte die Schule verließ, folgte er ihm, offenbar, weil er sonst gar keinen nennenswerten Verkehr hatte. Nach den Studienjahren zeigt sich allmählich immer deutlicher diese Neigung, sich von anderen zurückzuziehen und sich einzukapseln. Es kommt auf der Seereise zu keinem ungezwungenen Anschluß an das Leben an Bord, die Schiffsoffiziere sind ihm wenig sympathisch, er fühlt sich hier beständig fremd und schließt sich mit seinen Büchern ab. Die fremdartigen äußeren Eindrücke wirken nicht auf ihn, und er geht an allem diesem ohne größere Anteilnahme vorüber. Seit seiner Erholungsreise in die Schweiz nach seiner Rekonvaleszenz und von gelegentlichem Aufenthalt in Wildbad abgesehen hat er sich ohne schwerwiegende Veranlassung nicht mehr aus seiner Vaterstadt entfernt. Hierher gehört auch ein großer Teil der langen und starken hemmenden Nachwirkung, welche sein Anstaltsaufenthalt für ihn gehabt hat, und die sein depressiver Zug in späterer Zeit besonders nährte, und ebenso in gewissem Sinne sein großer Hang zur Selbstkorrektur, der nach den Berichten bis in seine Jugend zurückgeht und der seinem Herzen Ehre machte und ihn vielfach förderte, aber später den Grund zu seinen Versündigungsgedanken und -ideen legte, welche dann bei Gelegenheit der Psychose so stark zu wuchern anfingen, zuletzt von dieser indes wieder verschlungen wurden. Daß eine so geartete Natur gelegentlich den Wein als Sorgenbrecher schätzte, ist auch leicht verständlich.

Hysterisch-psychogene Elemente finden sich bei Mayer nicht vor. Er ist nicht übermäßig beeinflußbar. Er liebt es ganz und gar nicht zu posieren und ist jederzeit in höchstem Maße unmittelbar. Seine Stimmung wechselt zwar öfter unvermittelt, aber wo dies der Fall ist, zeigt sie sich stets gleich nachhaltig, tiefgreifend und stärker anhaltender Bewegung entsprungen. Da auch die Grundlage für die Annahme epileptischer Störungen fehlt, so führt uns die Betrachtung der Gemütssphäre wieder auf den spezifisch hypomanischen Einschlag in Mayers Naturell. Mit diesem kongruiert auch die durch starkes ethisches Fühlen gemäßigte habituelle Neigung zu starken Unmutsaffekten, die außergewöhnliche Ausdauer oder Hartnäckigkeit in manchen Leistungen und Bestrebungen, das mächtige Vorwärtsdrängen des Gedankens. Am beweiskräftigsten aber ist hier die Form des Verlaufs der psychischen Erkrankung, in welche er zu verfallen das Unglück hatte.

Eine Übersicht über verschiedene Unterformen dieser Anlage stellte Nitsche zusammen („Über chronisch-manische Zustände, zugleich ein Beitrag zur Lehre von den krankhaften Persönlichkeiten", Allgemeine Zeitschrift für Psychiatrie, Bd. 67, 1910). Eine Schilderung der konstitutionellen Gemüts- und Geistesveranlagung der Disponierten hat Kraepelin gegeben (Psychiatrie, 8. Auflage, III. Band).

Einen sehr wertvollen Beitrag zu der Frage, speziell was den Fall Mayers anbelangt, hat auch E. Reiß abgefaßt („Konstitutionelle Verstimmung und manisch-depressives Irresein", Berlin 1910), der die Ansicht vertritt, die Angehörigen des schwäbischen Volksstamms möchten besonders zu bestimmten krankhaften Störungen des Gemütslebens (konstitutionellen Verstimmungen) neigen, und daß sich hierin eine Tendenz zur gleichartigen Vererbung der Anomalie, sowohl der heiter-manischen als der depressiv-melancholischen, zwischen Aszendenten und Deszendenten bemerklich mache. Das große klinische Material dieser umfassenden Arbeit gewährt auch einen guten Einblick in die außerordentlich mannigfaltigen Schattierungen und Abstufungen der leichteren Einzel- und Übergangsformen der manisch-depressiven Krankheitsgruppe.

Rücksichtlich der Eigenart des schwäbischen Stammes sei schließlich an dieser Stelle nicht unterlassen, darauf hinzuweisen, wie hoch die Zahl der erlesenen Geister ist, welche gerade aus diesem Volkskreise hervorgegangen der Kultur ihres Heimat- und Vaterlandes und der Weltkultur in hervorragendem Maße gedient haben. Auch stellt sich die leichte Sonderart des Schwaben in psychologischer Beziehung gegenüber dem gesamten übrigen deutschen Volksstamme auch in manchem anderen als eine gewisse ausgesprochene dar, so daß mancher hierhergehörige Zug sogar ins deutsche Sprichwort und in die Dichtung übergegangen ist.

II. Die Intellektualität.

Mayer als Schüler. — Die Geisteseigenart. — Besondere intellektuelle
Jugendeindrücke. — Das physikalisch-mathematische Talent. — Das Freiwerden des Grundgedankens. — Wissenschaftliche Briefwechsel. — Mayers
Schriften. — Mayers ärztliche Grundanschauungen. — Nichts Pathologisches in Mayers Literaturwerk. — Mayers wissenschaftliche Berührung
mit der Psychiatrie.

Ist es oft schon schwierig, die Entstehung einzelner ausgezeichneter intellektueller Leistungen rein kulturhistorisch zu
begründen, so wachsen diese Schwierigkeiten noch erheblich,
wenn man sich zu ihrer biologisch-psychologischen Analyse an-
schicken will. Da wir aber aus anderen Gründen das Psychologische
bei Mayer bereits eingehender betrachten mußten, so ist hier
zunächst auch der Ort, auch das wichtigere, was über die Art
der Gedankenwelt Mayers und ihren Ursprung bekannt und zu
erschließen ist, übersichtlich zusammenzustellen, ganz besonders
auch deshalb, weil es das dem Forscher anhaftende Psychopathologische ergänzt und beleuchtet.

Über die Anlagen und die Befähigung Mayers als Schüler
haben wir durch die Mitteilungen Rümelins ziemlich genaue
Kenntniss. Mayer besuchte gleich ihm bis 1829 das Gymnasium
zu Heilbronn, von da ab das Seminar in Schöntal. Mayer hatte auf
der Schule kein Interesse für das Grammatische und Syntaktische
in den alten Sprachen und galt deshalb, da es dort hauptsächlich auf diese ankam, für einen der schwächeren Schüler,
so daß er gewöhnlich unter den Letzten seiner Klasse zu finden
war. Im Französischen hatte er nur in seinem Abgangszeugnis
eine etwas bessere Note. Dagegen fiel ihm die Mathematik
leicht, in der er immer gute Prädikate bekam. Er lernte von
seinem älteren Bruder schon in den niederen Klassen einiges
von den höheren Rechnungsarten kennen. Für Physik hatte er
das regste Interesse; durch das experimentelle Instrumentarium
des Vaters waren ihm die gewöhnlichen Erscheinungen besonders
der Mechanik und Elektrizitätslehre schon in den Kinderjahren
geläufig und theoretisch vertraut geworden, ebenso wie auch
die Chemie und die Kenntnis der meisten pharmazeutischen Prä-
parate. Für den physikalischen Unterricht brauchte er niemals
etwas zu lernen. Zensuren in diesem Fache wurden damals nicht

erteilt. Auf dem Seminar in Schöntal kultivierte er unter anderen physikalischen Spielereien zur Belustigung seiner Kameraden auch Geistererscheinungen, weshalb er von diesen den Spitznamen „Geist" erhielt, welcher später sein „Zerevisname" wurde, und mit dem er öfter noch die Briefe an die Jugendfreunde unterzeichnet hat. In Geschichte und Geographie waren seine Leistungen meist mittelmäßig bis ziemlich gut. Der Fleiß war nicht immer gleichmäßig, das Betragen immer gut.

Obgleich er als Schüler auch im Deutschen immer nur sehr mäßige Zensuren erhielt, hatte er dennoch einen lebhaften natürlichen Sinn für Poesie und lange und treffende Zitate aus Dichtern konnte man schon auf der Schule von ihm hören. Als Lieblingsschriftsteller in seiner Schulzeit werden angeführt Wilhelm Hauff und Walter Scott. Die Poesie war das einzige künstlerische Verständnis, das er besaß, niemals hat er irgendeine andere Art Kunstgeschmack gezeigt, und launig weist H. Rohlfs darauf hin, wie schwer es ihm später gefallen ist, das wenige an Singen zu erlernen, dessen er im studentischen Vereinsleben bedurfte. Was übrigens die mathematische Veranlagung betrifft, so sei vorweggenommen, daß sie sich späterhin nicht so bedeutend erwies, als sich vielleicht hätte erwarten lassen. Als Mayer zur Vervollständigung seiner Kenntnisse 1842/43 im Verkehr mit dem Mathematiker Carl Baur[1]) bei diesem Unterricht in Differential- und Integralrechnung nahm, machte er wohl einige Fortschritte, brachte es indes nicht zu größerer Fertigkeit. Mayer bedauerte später immer diese seine relativ mangelhaften Kenntnisse in der Mathematik.

Jedenfalls ist sicher, daß er schon in jungen Jahren eine ziemlich wohlbegründete, eingehende Kenntnis der Tatsachen der Physik der damaligen Zeit besaß, daß ihn dieses Gebiet sehr interessierte, daß er im Experimentieren und Beobachten Geschick und Übung besaß, und namentlich auch, daß er sich selbständig, und zwar schon frühzeitig, mit physikalischen Aufgaben beschäftigte und zwar theoretisch und praktisch. Von letzterem hat Mayer in seinen autobiographischen Aufzeichnungen

---

[1]) Nachmals Professor am Polytechnikum in Stuttgart. Mit Baur führte Mayer, während er an seiner Theorie arbeitete, auch einen ausgedehnten wissenschaftlichen Briefwechsel (1841—44, s. Weyrauch, Kleinere Schriften).

für H. Rohlfs (Weyrauch, Kleinere Schriften, S. 390) ein
interessantes Beispiel mitgeteilt. Als er als zehnjähriger Knabe
Poppes „Physikalischen Jugendfreund" zum Weihnachts-
geschenk erhielt, wurde er durch die Lektüre dieses Buches
darauf gebracht, die Konstruktion eines „Perpetuum mobile"
zu versuchen, und zwar mit Hilfe einer selbstersonnenen Kombination von Rädern, die er auf dem Pfühlbach in Bewegung
setzte. Der Verlauf dieses Experiments, das ihn sehr beschäftigt
haben muß, hatte eine große und wichtige Klärung seines physikalischen Denkens zur Folge, die in jugendlich aufnahmefähigen
Jahren wohl geeignet war, vorbereitend für weitere ähnliche,
reifere Gedanken zu wirken.

Von einigen Eigenheiten seines geistigen Wesens, seinem
stürmischen Vorwärtsdrängen im Thema der Unterhaltung,
seinen oft mächtigen Gedankensprüngen in dieser und seiner
Neigung zur Produzierung der letzten Konsequenz ist schon im
vorigen Kapitel gesprochen worden. Rümelin erwähnt weiter,
daß er auf der Schule trotz dieser lebhaften und rapiden Ideenverknüpfung dennoch von einer seltsamen Unbehilflichkeit gewesen sei, sobald er im Unterricht schulgemäß auf eine Frage
Antwort geben sollte und zu starken Zerstreutheitsfehlern neigte,
daß man aber in der Lehrerschaft wußte, daß er eine gewisse,
nicht zu unterschätzende eigenartige Begabung besitze.

Auf der Universität hörte Mayer gleich im ersten Semester
Physik bei einem Privatdozenten, seitdem nichts mehr darüber, keine Mathematik, nichts Philosophisches. Sein Hauptinteresse besaß die praktische Seite der Medizin, worunter auch
die Anatomie, welche er nach Rohlfs nicht weniger als sechs-
mal hörte. Seine Neigung zum Experimentieren übertrug er
nun auf seine neue Tätigkeit. Rümelin erzählt, daß er einmal
in klinischen Semestern sich auf dem Arm eine Reihe Brand-
wunden mit Zunder beigebracht habe, welche er dann, und zwar
jede mit einer anderen Methode, behandelte. Übrigens sagt
Rümelin, „daß er damals auch Fernstehenden als ein origineller
Mensch bekannt war, von dem mancherlei wahre und falsche
Anekdoten kursierten". (Man vergleiche hierzu dasjenige, was
als Kommentar zu dem Zeugnis Landerers auf S. 5 hierüber
ausgeführt ist.) Schließlich sei erwähnt, daß Mayer nach Rümelins Angabe ein ausgezeichneter Karten-, L'Hombre-, Tarock-

und Whist-, Schach- und Billardspieler gewesen ist. Schon als Kind hatte er sich gern damit beschäftigt, neue Spiele zu ersinnen. An allen Spielen interessierte Mayer besonders auch die Theorie: verlor er ein Spiel, so lag es auffallend häufig daran, daß er irgendeine Finesse auf die Spitze getrieben hatte.

Mayer bestand seine ärztliche Schlußprüfung mit der „Note II a" im Sommer 1838. Von seinen schriftlichen Arbeiten war gesagt, daß „sie gründliche Kenntnisse und selbständiges Urteil verrieten". In der Chemie hatte er „Note I".

Mayer promovierte mit einer Arbeit über das 1830 entdeckte Santonin, welches er an 24 Fällen in der Kinderpraxis erprobt hatte und als nicht schmeckendes und milde wirkendes Mittel dem Semen Cynae gegenüber empfiehlt.

In dem von ihm im Juli 1839 im Haag und zwar in hochdeutscher Sprache abgelegten holländischen medizinischen Examen hat er nur die Zensur „fähig" (entsprechend unserem „genügend") erhalten (E. Cohen, „Ein Beitrag zur Biographie Robert Mayers", Chem. Zeitschr. 1905).

Nach Beendigung seiner Universitätsstudien hat er sich außer in Paris auch in Wien und München kürzere Zeit aufgehalten.

Mayer hatte sich für seine Seereise mit einer großen Anzahl Bücher ausgerüstet. Ein Hauptinteresse von diesen hatte für ihn Johannes Müllers Physiologie (St. Robert, s. u. l. c.), welche zur damaligen Zeit namentlich von den jüngeren Medizinern mit Begeisterung aufgenommen worden war. Das Leben an Bord war gemächlich; er war an intensive Geistestätigkeit gewöhnt; im Unterbewußten des ernsten Mannes schlummerten inhaltreiche Reflexionen, die ihn, immer in seiner Art zu sehen, von seiner Kindheit an in unzähligen Varianten erfüllt und häufig bis zur Leidenschaft bewegt, die oft automatisch in kristallklaren Kausalketten seinen Vorstellungsbereich, seine Träume durchzogen hatten.

Die Richtung, in der sich Mayers Gedanken auf der Überfahrt bewegten, wird dadurch gekennzeichnet, daß, wie er erzählt, die Bemerkung eines alten Steuermannes, daß die vom Sturm gepeitschten Wellen wärmer als die ruhige See seien, großes Interesse bei ihm erregte. Später, als er alles systematisch durchgearbeitet hatte, erfuhr er dann, daß dies eine sehr alte Beobachtung sei, da sie schon bei Cicero sich vorfindet („De natura deorum" II, 10). Mayer hat übrigens gleich am Anfang seiner späteren experimentellen Studien diesen Hergang untersucht und bestätigt gefunden, daß Wasser durch Schütteln wärmer wird.

Einige Tage nach der Ankunft des Schiffes auf der Reede von Batavia brach unter der Mannschaft eine Grippe aus. Da damals die Blutentziehung bei allerhand fieberhaften Krankheiten sehr gebräuchlich war, behandelte Mayer die Matrosen mit reichlichen Aderlässen. Zu seinem lebhaften Erstaunen gewahrte er hierbei, daß das aus der Armvene gelassene Blut von ungemeiner Röte sei, so daß er der Farbe nach glauben konnte, eine Arterie getroffen zu haben (s. „Die organische Bewegung" usw). Die Erscheinung machte einen außerordentlichen Eindruck auf Mayer. Wie er später an Griesinger schrieb (16. Juni 1844, Weyrauch, Kleinere Schriften, S. 213), hing er dem Gegenstande mit solcher Vorliebe nach, daß die fremden und ungewöhnlichen Eindrücke der Tropenlandschaft spurlos an ihm vorübergingen und er sich am liebsten an Bord aufhielt, um sich bei seinen Büchern die Sache klar zu machen, wobei er hinzusetzte, daß er sich in manchen Stunden gleichsam inspiriert fühlte, wie es ihm zuvor oder später nie wieder zugestoßen sei. Auf der Reede von Surabaja hatte er dann weiter neue „Gedankenblitze" zu seinem Thema, welche die Zusammenhänge in wichtiger Weise weiter ergänzten. Er hatte jetzt in der Hauptsache erkannt, daß der Farbenunterschied des Arterien- und Venenblutes ceteris paribus um so geringer sei, je näher die Außentemperatur der des Körpers liege, je kleiner der Sauerstoffverbrauch bzw. je schwächer der Verbrennungsprozeß des Organismus (Wärmeverbrauch, Wärmeproduktion) sei. Dieses Verhalten ändert sich übrigens nicht an sich, doch formell insofern, als bei den Akklimatisierten infolge der nunmehr möglichen Herabsetzung der Respirationstätigkeit der Lungenalveolen das Arterienblut dem venösen ähnlich jetzt dunkle Färbung annimmt, worauf auch der fahle, bräunliche Teint der in den Tropen akklimatisierten Europäer beruht (s. „Die organische Bewegung" usw.). Diese merkwürdige Beobachtung und die Versuche, sie nach allen Richtungen vollständig zu erklären, sowie das neue Licht, das ihm hiervon auf andere Fragen, die ihn schon lange beschäftigten und interessierten, auszugehen schien, erfüllten ihn vollständig und duldeten nichts neben sich. Auch das Tagebuch, welches Mayer bis dahin geführt hatte, wurde abgebrochen.

Schon im ersten Jahre nach seiner Rückkehr trieb es ihn, das wichtigste seiner theoretischen Überlegungen unter möglichster Klärung der Begriffe übersichtlich kurz zusammenzustellen. Er sandte einen kleinen Aufsatz („Über die quantitative und qualitative Bestimmung der Kräfte"), in welchem in der Hauptsache ausgesagt war, daß Kräfte, unzerstörbare, wandelbare, imponderable Objekte, nicht zu Null werden, sondern nur in eine andere Form übergehen könnten, an Poggendorfs „Annalen für Physik und Chemie". In der näheren Darlegung, die er nun auch auf mathematischem Wege versucht hatte, fanden sich indes Irrtümer. Das Manuskript wurde von der Redaktion zurückgelegt und Mayer erhielt auch auf Anfrage keinen Bescheid. Er ließ sich nicht entmutigen. In beständiger Weiterbildung mit Hilfe Baurs, mit welchem er von 1841 bis 1844 eine ausgedehnte wissenschaftliche Korrespondenz führte, und nachdem er durch einen Besuch des Professors der Physik Jolly in Heidelberg nach Darlegung seiner Studien die Versicherung erhalten hatte, daß sie aussichtsvoll und verdienstlich seien, arbeitete er seinen Aufsatz nochmals durch. Am Schlusse desselben machte er nunmehr eine kurze, aber für das Verständnis hinreichende Mitteilung von dem von ihm inzwischen aufgefundenen mechanischen Äquivalentwert der Wärme, und er hatte die Freude, den Artikel im Mai 1842 in Liebigs „Annalen der Chemie und Pharmazie" gedruckt zu sehen („Bemerkungen über die Kräfte der unbelebten Natur").

Neben diesem überwiegend theoretisch - wissenschaftlichen Interesse vergaß er jedoch nicht die praktisch-wissenschaftlichen Anforderungen des Tages. Als Oberamtschirurg mußte er die Versammlungen der Wundärzte Heilbronns und der Umgebung besuchen, und er berichtet über diese 1843 und 1844 im „Medizinischen Korrespondenzblatt des Württembergischen ärztlichen Vereins". Bei einer solchen Gelegenheit referierte er auch einmal ausführlich einen Vortrag Justinus Kerners „Über die Heilung durch Sympathie". Auch schrieb er damals einen kleinen Aufsatz: „Worin liegt der Grund der Wirksamkeit des Wildbader Thermalwassers?", worin er die Ansicht aussprach, diese sei dadurch bedingt, daß die Niederschläge in Wildbad sogleich tief in die Erde eindrängen, also die Bestandteile, die sie dem Humus entnehmen, nicht durch Sickern verlören, und daß die wirksamen Elemente vorwiegend in den Zersetzungsprodukten der auf den Wildbader

Höhen damals besonders gedeihenden Digitalisvarietät beständen, woraus er die antiskrophulöse, antiarthritische und diuretische Wirkung der Quellen herleitete. Doch gehörte seine wissenschaftliche Haupttätigkeit seiner Entdeckung. Bald kam er zu der Grundanschauung, es gäbe in Wahrheit nur ei ne unzerstörbare Kraft, welche als Bewegungsursache in ewigem Wechsel in der toten und lebenden Natur kreise.

Mayer betonte immer, daß sein Prinzip in erster Linie eine für die Physik hochwichtige Entdeckung sei. Daneben beschäftigte ihn natürlich als Arzt und Physiologen von vornherein die Anwendung auf die Organismen. Hatte er nun in Baur einen Ähnlichgesinnten gefunden, der ihn, freilich mehr als Lehrer, gern in die mathematische Seite der Frage begleitete, so gewann er in Wilhelm Griesinger einen jüngeren Anhänger, dem er bereits die Konsequenzen seiner Theorie auch im Hinblick auf die Physiologie vortragen konnte[1]).

Mayer hatte damals bereits einen sicheren, ausgedehnten systematischen Boden gewonnen und seine Auseinandersetzungen an Griesinger klingen schon etwas lehrhaft. Griesinger war zunächst mehr gefühlsmäßig für die Lehren Mayers, dem er viel zutraute, eingenommen; ebenso gefühlsmäßig war aber zunächst sein Widerstand, der von „den Residuen der bisherigen von Mayer bekämpften Anschauungen, verbunden mit dem sog. Bonsens des gemeinen Lebens" ausging (Brief vom 14. Dezember 1842). Trotzdem er den Wert der Mayerschen Forschungen ganz richtig darin erkannte, daß faßbare naturwissenschaftliche Begriffe an Stelle vager metaphysischer oder halbphilosophischer Anschauungen rückten, und sogar eben aus diesem Grunde begierig nach Mayers Lehre griff, da diese die zu dieser Zeit sehnlich begrüßte neue „physiologische" Begründung der Heilkunde zu stützen und zu erweitern versprach, so war er doch im ganzen noch ziemlich harthörig und den springenden Punkt in Mayers Lehre hat er lange nicht einsehen wollen. Er hielt Mayer immer wieder entgegen, man könne doch nicht sagen, Bewegung verwandele

---

[1]) Briefwechsel 1842—1845, s. Weyrauch, Kleinere Schriften. Dieser Briefwechsel ist auch von W. Preyer gesondert herausgegeben worden (Robert von Mayer über die Erhaltung der Energie, Briefe an Wilhelm Griesinger nebst dessen Antwortschreiben aus den Jahren 1842—1845, Berlin 1889).

sich in Wärme, ebenso wie er nicht sagen könne, seine Gehirntätigkeit verwandele sich in sein Buch. Mayer antwortete hierauf in einem etwas ernst gehaltenen didaktischen Kabinettstück (20. Juli 1844), das angegebene Verhältnis könne er nennen, wie er wolle. In den verschiedenen Wissenschaften gebe es die verschiedensten Auffassungen nicht bloß von „Ursache" und „Wirkung", sondern auch von allen möglichen Substantiven überhaupt. Fasse man aber in physicis diese Ursache nicht etwa bloß als Gelegenheitsursache, sondern Ursache und Wirkung als Dinge, die im Größenverhältnis zueinander ständen, so gelte sein Satz vom Bewegungsäquivalent der Wärme für den betreffenden zahlenmäßigen Ausdruck.

Mayer hat Griesinger, der damals Assistent an der Tübinger medizinischen Klinik war, auch das Manuskript der „Organischen Bewegung" zur Durchsicht gesandt, um sein Urteil über seine Anwendung des Satzes auf die Physiologie zu hören. Er hatte diese Anwendung vornehmlich auch deshalb vorgenommen, weil er hoffte, durch praktisches Eingehen auf das Physiologische das Interesse weiterer, namentlich ärztlicher Kreise für seine eigentliche Lehre zu gewinnen, wiewohl er wußte, daß die Beweisführung sich um so mehr erschwerte, je weiter er sich von der rein physikalischen Seite der Frage entfernte. Er hat aus diesen Opportunitätsgründen auch der Arbeit den Titel „Die organische Bewegung in ihrem Zusammenhange mit dem Stoffwechsel" gegeben. So suchte er denn im Anschluß an die neue Entwicklung seiner Theorie zu zeigen, wie die Sonnenwärme die Quelle alles irdischen Lebens sei, insofern zunächst die Pflanzen mit Hilfe der Sonnenstrahlen chemisch hoch zusammengesetzte Stoffe hervorbringen, deren „mittels des langsam brennenden Bluts" vor sich gehende Oxydation im Tierkörper als tierische Wärme erscheint und auch die mechanische Leistung des Tieres bedingt, welche nicht auf Kosten des Organs, sondern der Verbrennung der Nährstoffe vor sich gehe. Damit wandte er sich zugleich gegen die damals hoch florierende Lehre von der „Lebenskraft". Alles dies hat sich in der Hauptsache längst als richtig erwiesen, aber im Grunde erschien das frühe und einschneidende Eingehen auf die komplizierten Vorgänge im Organismus mißlich, während Griesinger sich zuerst wohl hauptsächlich von Mayers Methode für die Physiologie viel versprach, eine Hoffnung, die indes erst ein halbes Jahrhundert später durch M. Rubner und durch Atwater erfüllt werden sollte. Die Dinge selbst blieben Griesinger auch einigermaßen fremd, und er teilte Mayer, als die etwa 80 Seiten lange Abhandlung, welche dieser übrigens auf seine Kosten hatte herausgeben müssen, da es ihm nicht geglückt war, ein wissenschaftliches Blatt oder einen sonstigen Verleger dafür zu interessieren, 1845 erschienen war, mit, daß er sich nicht zutraue, eine Besprechung davon zu liefern, wie er gehofft hatte, wiewohl er vorher Mayer öfter zum energischen Auftreten aufgefordert hatte.

Die Beschäftigung mit der Entstehungsweise der Wärme, welche durch die Fallbewegung frei und durch die Erhebung über die Erde latent wird, und ihre theoretische Verallgemeinerung hatten Mayer schließlich auf die Bedeutung der Wärme für die kosmischen Verhältnisse geführt. Besonders wichtig erschien es ihm, daß die für die Sachlage an der Erdoberfläche geltende geringe Rolle der freiwerdenden Wärme, welche hier nur einen kleinen Teil der „Verbrennungswärme" der Körper beträgt, im Gegenteil bei einem Fall aus dem Unendlichen zu einer letztere um ein vieltausendfaches übersteigenden Intensität anwächst. Da er nun berechnete, daß die Sonnenwärme weder von der Verbrennung der Sonne selbst, noch von der Rotation der Sonne, noch von einer Reibung der Sonnenteilchen unter sich herrühren könne, so folgerte er, daß diese durch die massenhaft auf die Sonne stürzenden Meteoriten gespeist werde[1]), und er schloß sich der Meinung an, welche im Zodiakallicht solche Meteoritenschwärme erblickt. Überhaupt sah er in dem Zusammenstoß der Himmelskörper eine Hauptquelle für die Entstehung der kosmischen Wärme. Auch über die Erdwärme stellte er Betrachtungen an. Er berechnete die Wärmeausstrahlung der Erde. Dies brachte ihn wieder auf ihre Zusammenziehung und damit auf die Theorie der Erdbeben. Und weiter beschäftigte ihn dann im Zusammenhange damit die Rotation der Erde und ihre Zu- und Abnahme, wobei er zuletzt auf das Problem der Ebbe und Flut geführt wurde, welche er als beständig wirkende Ursache der Verzögerung der Erdumdrehung erkannte.

---

[1]) Diese Ansicht Mayers ist gegenwärtig wieder verlassen, wenigstens in dem von ihm angenommenen Umfange.

Diese Untersuchung legte er in einer etwa 70 Seiten starken Abhandlung „Beiträge zur Dynamik des Himmels in populärer Darstellung" nieder. Es fand sich in Heilbronn ein Verlag, der für die Druckkosten aufkam, und die Abhandlung erschien 1848.

Alles, was Mayer nach der Veröffentlichung dieses Buches geschrieben hat, bringt keine selbständigen, neuen Probleme mehr, sondern enthält lediglich Anwendungen der Lehrsätze auf Einzelheiten und Weiterführungen oder erneute Darlegungen derselben. Eine solche Neubearbeitung seiner Theorie schien ihm geboten, als er nach dem Zwischenfall mit Seyffer in seiner Sache nicht zu Worte gekommen war. Zwar war er sowohl in seiner Mißstimmung als auch durch das Heraufziehen seines psychischen Leidens gehemmt zunächst nicht zur Abfassung eines neuen, größeren Aufsatzes gelangt; nachdem er sich aber im Sommer 1850 wieder erholt hatte, ging er an die Niederlegung einer nochmaligen Auseinandersetzung über seine Theorie und schrieb die 40 Seiten lange Abhandlung „Bemerkungen über das mechanische Äquivalent der Wärme", Heilbronn 1851. Er betonte in dieser besonders die Wichtigkeit der Ermittlung zahlenmäßiger Verhältnisse und seine Berechnung des mechanischen Wärmeäquivalents. Im Organismus sei die gesamte sowohl unmittelbare, als auf mechanischem Wege entwickelte Wärme dem Verbrennungseffekte gleich, der aus dem Hauptteil der Nährstoffe, von denen nur ein geringer Teil assimiliert werde, stamme. Der Organismus kann aus sich keine Wärme erzeugen, es bestehen unveränderliche Größenbeziehungen zwischen Wärme und tierischer Arbeit. Wenn auch Bewegung und Wärme ineinander übergeführt werden könnten, so seien sie dennoch nicht etwa als identisch zu betrachten. Worin das eigentliche Wesen der Wärme bestehe, wissen wir nicht, wir erschließen sie nur aus ihren Wirkungen. Die Wärme sei nichts Einheitliches und müsse unterschieden werden in freie, strahlende und latente Wärme.

Dieser Arbeit folgte im Frühjahr 1851 der kleine Artikel „Über die Herzkraft" im Archiv für physiologische Heilkunde, in welchem die Gesamtarbeit der beiden Herzventrikel bei 70 Pulsschlägen auf 0,49 Meterkilogramm, die Gesamtarbeit des Herzens inkl. der Vorhöfe auf 0,6 Meterkilogramm ($= \frac{1}{105}$ Pferdekraft) abgeschätzt wurde.

Hierauf folgte der bereits gesundheitlich mangelhafte Winter von 1851/52, dann brach das Leiden wieder stärker aus, Mayer wurde in die Anstalt aufgenommen.

Mayer hatte nach seiner zweiten ärztlichen Niederlassung in seiner Vaterstadt (1840) eine allmählich wachsende Praxis gewonnen. 1844 schrieb er an Lang, sie sei zwar noch bescheiden, doch wünsche er sie nicht ausgedehnter, wobei er hinzufügte, er gebe möglichst wenig Arzneien und schränke die Besuche auf das nötigste ein. Später hatte er seine Stellung als Oberamtswundarzt, da er im Grunde nicht viel Neigung zur Chirurgie hatte, aufgegeben, und es wurde ihm dafür die Stellung eines Stadtarztes und Stadtarmenarztes übertragen. Mayer strebte, nach Möglichkeit in der Krankenbehandlung zu individualisieren, wie aus folgender Stelle seiner autobiographischen Aufzeichnungen zur Genüge hervorgeht (Weyrauch, Kleinere Schriften, S. 380):

„Was die Grundsätze, die mich am Krankenbett leiteten und leiten, anbelangt, so gehöre ich zu denen, welche die Medizin, die ars medendi, für eine Kunst und nicht für eine Wissenschaft erklären. Hier dürfen nicht Prinzipien irgend eines konsequent durchgedachten Systems befolgt werden, sondern jeder einzelne Fall ist für sich aufzufassen und nach Regeln einer eklektischen Empirie zu behandeln, wobei das „ex juvantibus et nocentibus" entscheidet. Es war mir von vornherein einleuchtend, daß die mechanische Wärmetheorie bei der Erklärung physiologischer Vorgänge eine große Wichtigkeit hat; wie sollte ich aber von einem eben erst dem Boden hoffnungsvoll anvertrauten Keime schon für Pathologie und Therapie Früchte erwarten? Das System ist, wie mein hochverehrter Lehrer, der geistvolle Kanzler Autenrieth in Tübingen, bei seiner Einleitung in die Nosologie schön bemerkt hat, wie eine an einen Kreis, an die Natur gezogene Tangente; um sich nicht zu weit von dem Kreise zu entfernen, muß die Tangente oft gebrochen werden, und diese Inkonsequenz in der Welt unserer Gedanken ist die notwendige Folge unserer unzulänglichen Kenntnis der objektiven Welt; andernfalls wird das starre System zu einem Bett des Prokrustes."

Die fünfziger Jahre verlebte Mayer zurückgezogen in Heilbronn. Seine ärztliche Tätigkeit versah er zwar wieder, jedoch nur insoweit, als er ausdrücklich darum angegangen wurde, meist unter Bekannten und seiner älteren Klientel.

Literarisch produktiv war er zunächst nicht mehr. Als er aber Ende der 50er Jahre wieder einmal eine ärztliche Versammlung besuchte und daselbst auch Liebig, Holtzmann, Helmholtz und einige andere hervorragende Gelehrte kennen gelernt hatte, und als die ersten Ehrenbezeugungen in Gestalt der Ernennung zum Mitglied gelehrter Gesellschaften sich zeigten, erwachte seine Schaffenslust wiederum, und zwar bei Gelegenheit des Anschlagens eines Themas, welches ihm ganz besonders nahe stehen mußte.

Aus dem eben zitierten Passus seiner Aufzeichnungen über seine Prinzipien der Krankenbehandlung ersieht man, daß ihn die Anwendung seiner Lehren auf die Pathologie immer gedrängt hatte, daß ihn aber das Unzureichende seiner Erfahrungen bis dahin von Schlußfolgerungen für die Pathologie abgeschreckt hatte. Als nun 1861/62 im „Archiv für Heilkunde" mehrere Beobachtungen über das Fieber erschienen waren, entschloß er sich zusammenzustellen, was er seinerseits dazu zu sagen habe. So brachte er 1862 in derselben Zeitschrift einen Aufsatz heraus „Über das Fieber, ein iatromechanischer Versuch". Er hob darin hervor, daß, während in der Gesundheit ein Sechstel des Gesamtaufwandes von chemischem Effekt als mechanische Arbeit abgegeben werde, im Fieber gar kein Nutzeffekt erzielt werde, sondern alle Energie als Wärme abgegeben werde. Im Fieber sei dafür die Herzarbeit erheblich gesteigert, soweit es sich nicht um asthenische Fieber handle, und der Kranke müsse nun seine Ausgaben an Wärme und mechanischer Arbeitsleistung dem chemischen Prozesse anpassen. Doch sei die Abströmung an Energie im ganzen vermindert, da keine mechanische Leistung stattfinde und der Fieberkranke seine Wärme auch mehr zusammenhalte als der Gesunde. Zwischen dem die Gesundheit bedingenden normalen Vorgange und dem „Verwesungsprozesse" liege eine große Breite, und innerhalb derselben bewegen sich die chemischen Prozesse in den Fieberzuständen. Schließlich klassifiziert er in hektische Fieber aus lokalen Ursachen und exanthematische Fieber aus allgemeinen Ursachen. Er nennt auch „nervöse" Fieber, auf die er aber nicht weiter eingeht, und zu welchen er das Wechselfieber rechnen will.

In die sechziger Jahre fielen bereits viele Auszeichnungen Mayers, besonders, nachdem Tyndall auf seine Verdienste hingewiesen hatte. 1863 wurde er Doktor honoris causa der naturwissenschaftlichen Fakultät Tübingen und 1864 ordentliches Mitglied der Naturforschenden Gesellschaft zu Halle. 1867 wurde ihm der Orden der Württembergischen Krone, zugleich der Personaladel verliehen, ferner wurde er 1867 zum auswärtigen Mitgliede der Akademie der Wissenschaften zu Turin, 1868 zum Ehrenmitglied des physikalischen Vereins zu Frankfurt, 1869 zum Ehrenmitglied des Gewerbevereins zu Heilbronn, zum Ehrenmitglied des Vereins für vaterländische Naturkunde zu Stuttgart und zum korrespondierenden Mitglied der Akademie der Wissenschaften zu Wien ernannt.

1867 gab Mayer seine gesammelten Schriften unter dem Titel „Die Mechanik der Wärme" bei Cotta in Stuttgart heraus. Das Buch wurde 1875 das zweite Mal aufgelegt. Die dritte Auflage (1893) besorgte Weyrauch.

In das Jahr 1869 fällt auch sein Vortrag „Über notwendige Konsequenzen und Inkonsequenzen der Wärmemechanik" auf der Versammlung der Deutschen Naturforscher in Innsbruck, über welchen aus anderen Gründen oben (S. 27) Näheres mitgeteilt ist.

Weiter ist zu erwähnen, daß ihm 1869 ein schönes physikalisches Experiment glückte, indem es ihm gelang nachzuweisen, daß ein kupfernes Röhrchen, durch welches ein permanenter Luftstrom hindurchgeht (Ventilatorröhre), nach einiger Zeit einen deutlichen Gewichtsverlust erkennen läßt, was er durch die Usurierung des Kupfers durch die adhärierende Luft erklärt. Er berichtete darüber an die Turiner Akademie der Wissenschaften, deren auswärtiges Mitglied er seit 1867 war. Mit der Adhäsion der Luft beschäftigte er sich dann noch einmal im Jahre 1875 („Die Torricellische Lehre", Staatsanzeiger für Württemberg). Er glaubte, von der Annahme ausgehend, das Licht bedürfe zur Fortpflanzung eines wenn auch sehr dünnen, so doch materiellen gasigen Substrats, in der Durchsichtigkeit des Torricellischen Vakuums über der Quecksilbersäule des Barometers einen Beweis darin zu sehen, daß am Glase adhärierende Luft vorhanden sei.

1864 und 1866 schrieb er auch für das „Ausland", in welchem er seinerzeit ebenfalls totgesagt worden war, einen kleinen Artikel über die „Ebbe und Flut und die innere Erdwärme" und über

„Temporäre Fixsterne“. In dem letzteren trat er dafür ein, daß das plötzliche Aufleuchten von Sternen auf den Zusammenstoß zweier Himmelskörper zurückzuführen sei, bei welchem dann konform seiner Theorie eine unverhältnismäßig gewaltige Menge von Wärme und Licht frei werde.

1869 konstruierte er einen kalorischen Kraftmesser, worüber Professor Teichmann ebenfalls auf der Naturforscherversammlung in Innsbruck 1869 näher berichtete.

Auch die siebziger Jahre brachten wieder reiche Auszeichnungen. 1870 wurde er korrespondierendes Mitglied der Akademie der Wissenschaften zu Paris, 1874 Mitglied der Akademie der Wissenschaften zu Brüssel und korrespondierendes Mitglied der Physikalisch-medizinischen Gesellschaft zu Würzburg, 1875 Ehrenmitglied und Meister des Freien Deutschen Hochstifts zu Frankfurt am Main, außerdem Inhaber mehrerer deutscher und auswärtiger Verdienstmedaillen.

Nach dem Vortrage in Innsbruck hielt Mayer auf Einladung dazu viermal wissenschaftliche Vorträge vor kleineren, nicht fachwissenschaftlichen Kreisen, im Juni 1870 in Neckarsulm vor einem kleinen Publikum von etwa zwanzig Geistlichen über „Erdbeben“, in demselben Jahre im Kaufmännischen Verein zu Heilbronn „Über die Bedeutung unveränderlicher Größen“, 1871 zum Besten der Invalidenstiftung in Heilbronn „Über die Ernährung“, 1873 wieder im Kaufmännischen Verein in Heilbronn „Über veränderliche Größen“. Die ersten drei dieser Vorträge sind auch 1874 im Druck erschienen (Naturwissenschaftliche Vorträge, Stuttgart).

Von größerem Interesse ist noch Mayers letztes literarisches Produkt, der Aufsatz „Über die Auslösung“ (Staatsanzeiger für Württemberg, 1876). Es betrifft dies einen Gegenstand, welchen er bereits im Briefwechsel mit Griesinger einst berührt hatte. Er nannte Auslösung die Gelegenheitsursache oder den Anstoß zu Naturvorgängen, bei denen kein mathematisches Maßverhältnis zwischen Veranlassung und Folge gegeben werden kann, da diese nicht durch Einheiten meßbar sind. Diese formalen Ursachen sind gewöhnlich, gegen die Wirkung gehalten, an Größe verschwindend klein. Zu solchen Auslösungen gehören in der Chemie z. B. die Gärungserscheinungen. Eine besonders große Rolle spielen die Auslösungserscheinungen aber in der Physiologie und

Psychologie. Hier ist der Ausdruck auch in weitem Umfange in die Terminologie übergegangen und war schon in Verwendung, ehe Mayer ihn niederschrieb. Mayer stellte fest, daß richtige physiologische Auslösungen normaliter angenehm empfunden würden und daß der jeweilige Zustand des Auslösungsapparats für das Allgemeingefühl oder das allgemeine Befinden maßgebend sei. Sei er beeinträchtigt, so leide dieses.

In gleichem Zusammenhange streifte Mayer auch die Psychiatrie und sprach sich dahin aus, bei Geisteskrankheiten dürften die pathologischen motorischen Auslösungen nicht mechanisch behindert werden, kam also zu der gleichen Ansicht, welche in dem Prinzip des „No-restraint" in der modernen Psychiatrie zur Geltung gekommen ist.

Mit einer Erweiterung dieser Abhandlung hatte Mayer die Absicht um den Bressa-Preis der Turiner Akademie zu konkurrieren.

Mayers literarisches Werk ist nicht umfangreich zu nennen. Seine vier Hauptschriften, die in den Jahren 1842—1852 erschienen sind, erreichen insgesamt noch keine fünfzehn Druckbogen. Auch seine einzelnen Journalartikel sind knapp gehalten. Hierzu kommen allerdings noch eine Reihe Gelegenheitsschriften, seine Briefe und seine Mitteilungen an die Akademien, sowie die autobiographischen Aufzeichnungen, Rezensionen usw., von denen viele durch lehrreiche Ausführungen oder interessante Bemerkungen wertvoll genannt zu werden verdienen. Wenn aber auch die Schriften Mayers nicht zahlreich sind, so ist ihnen doch dafür eine um so erstaunlichere Abgeschlossenheit und Reife nachzurühmen. Wenn man von dem ersten Aufsatz absieht („Über quantitative und qualitative Bestimmung der Kräfte"), welcher in seiner ursprünglichen Fassung noch erhebliche Mängel enthalten hat, aber in dieser nicht zum Abdruck gelangte, so muß man sagen, alle zu seinem eigentlichen Thema gehörenden Arbeiten Mayers waren so abgefaßt, daß sie mit Ausnahme von denjenigen Daten, welche infolge des zeitgenössischen Fortschritts geändert oder neu aufgenommen werden mußten, in ihrem Wiederabdruck keinerlei Verbesserungen oder Vervollständigungen bedurften.

Die Diktion in Mayers Abhandlungen ist überall von großer Sorgsamkeit, klar und gefällig, wenn auch nicht besonders gewandt. Die Darstellung ist knapp und abgemessen, aber lichtvoll, ruhig und im einzelnen wie im ganzen überall umsichtig angeordnet. Daß Mayer, durch Nebenabsichten veranlaßt, sich verleiten ließ, seiner zweiten hauptsächlichen Arbeit „Die organische Bewegung" usw. einen ihrem Inhalt nicht genügend entsprechenden Titel zu geben, ist von ihm nachträglich lebhaft bedauert und oben schon erwähnt worden.

Trotzdem seine Arbeiten, wie Mayer sich von vornherein deutlich bewußt war, ein großes, grundlegendes System begründeten, zeigen doch ihre Überschriften einen gewissen hohen Grad von Bescheidenheit. Die erste und vierte Arbeit nennt er „Bemerkungen", die übrigen „Beiträge". Hierin scheint eine gewisse Widersprüchigkeit zu liegen, aber es zeigt dieser Zug auch, daß er von sich nicht eingenommen war und daß er fremdes Verdienst gern ehren wollte.

Einen großen Stolz setzte er darauf, populär zu schreiben. Die „Bemerkungen über das mechanische Äquivalent der Wärme" und die „Beiträge zur Dynamik des Himmels" sind auf dem Titel bezw. im Vorwort ausdrücklich als populäre Abhandlungen bezeichnet. Man mag hieraus den Schluß seiner großen Begeisterung ziehen, der die Fachkreise zu eng dünkten, und die in enthusiastischer Überschätzung die Kompetenz der breiteren Schichten vielleicht gern etwas zu hoch veranschlagte, womit übrigens weder ein Tadel ausgesprochen noch gesagt werden soll, daß er mit dieser Ansicht etwa in höherem Maße Unrecht hatte. Stand doch auch diese Neigung mit seinem Hange in Verbindung, vor fast jedem, mit dem er in nähere Berührung trat, sein Lieblingsthema mit Lebhaftigkeit zu entwickeln, womit er zwar für seine Verbreitung sorgte und viele der interessantesten und bildendsten Eindrücke hinterließ, eine Gewohnheit, die aber trotzdem nicht überall angebracht, gelegentlich vielleicht sogar unklug zu nennen war, da durch diese im Nichtdisponierten auch recht andersartige Empfindungen wachgerufen werden konnten, wie er schon als Schüler und als Student hätte beobachtet haben sollen, wenn er ins Diskutieren geriet. Aber sein Feuer und seine Hingebung zur Sache hatten ihn das immer übersehen lassen.

Insofern Mayer wiederholte Zustände psychischer Erkrankung durchgemacht hat, ist es naheliegend, zu fragen, ob in seinen Schriften sich Anzeichen davon vorfinden. Dazu ist einmal zu sagen, daß dies schon deswegen unwahrscheinlich ist, weil diese Zustände verhältnismäßig nur sehr kurzdauernde gewesen sind. Auch nahm Mayer es mit seiner Publikation immer sehr ernst. So verfuhr er offenbar mit der größten Vorsicht und Sorgfalt, wenn er zur Feder griff, und er brachte seine Gedanken nur dann zu Papier, wenn er sie sehr gründlich nach allen Richtungen erwogen hatte. „Es ist eine fatale Eigentümlichkeit," schreibt er am 17. Mai 1877 an H. Rohlfs, „daß ich sehr langsam arbeite und daß alles vorher im Kopfe fertig sein muß." Er revidierte seine Texte offenbar auf das minutiöseste. Er war, mit Ostwald zu reden, hierin ein Klassiker. Das ruhige, angestrengt produzierende geistige Arbeiten ist ihm auch in ungünstigeren Zeiten nicht möglich gewesen, oder er hatte dann wenigstens das dunkle Gefühl, daß es nichts Rechtes werde, und dies hinderte ihn im Verein mit seinem Respekt vor dem Druckpapier, einmal etwas in der Erregung abzufassen. Der Umstand, daß er nichts aus dem Stegreif schaffen konnte, war bei seiner Anlage günstig zu nennen.

Übrigens betraf Mayers Erkrankung nicht direkt die intellektuelle Sphäre. Bei der außerordentlichen Meisterschaft und Einübung des Autors auf seinem Gebiet wäre eine solche Leistung, soweit sie überhaupt noch hinreichend zusammenhängend blieb, wahrscheinlich auch nur formell auffallend, nicht inhaltlich widersinnig geworden (siehe S. 117), ähnlich wie es zum Beispiel bei der Produktion hypomanischer Künstler und Literaten der Fall sein kann, welch letztere gelegentlich dann sogar durch die gesteigerte Aufbietung von „Temperament" noch glänzender sich gestalten kann als in der Norm. Bei Mayer fällt dies aber vollkommen weg, da seine literarische Arbeit immer äußerst sorgfältig und durch lange Zeit vorbereitet wurde.

Damit ist auch die Frage erledigt, ob sich, abgesehen vom Inhalt, rein äußerlich etwas Abnormes in seinen Schriften vorfindet. Bei der großen Streitbarkeit Mayers im persönlichen Verkehr könnte es gewiß denkbar erscheinen, daß sich etwas davon in Form einer Polemik in seinen Schriften niedergeschlagen hätte, zumal er durch unverhältnismäßig schwere Angriffe, durch die Indolenz der Mitwelt und durch langwierige Kämpfe um die Priorität seiner Entdeckung vielen Anlaß dazu hatte. Hierzu ist aber zu sagen, daß Mayer, so sehr er unter diesen Widerwärtigkeiten litt und so heftig er dagegen mitunter im Privatleben remonstrierte, im Literarischen immer verhältnismäßig außerordentlich maßvoll blieb.

So wandte er sich gegen Seyffer zuletzt lediglich in einer Fußnote seiner Abhandlung „Bemerkungen über das mechanische Äquivalent der Wärme", welche er bei Erwähnung des Umstandes, daß sich allenthalben Anfänge des Verständnisses seiner Auffassungsweise bemerklich machten, abfaßte und welche folgendermaßen lautete:

„Dagegen hat die Augsburger Allgemeine Zeitung in ihrer Beilage vom 21. Juni 1849 eine Warnung vor meinen Arbeiten ergehen lassen. Die Äquivalenz der Wärme und der Bewegung sei, wie es dort heißt, ein durchaus unwissenschaftliches Paradoxon, denn die Wärme habe noch nie eine Bewegung und Bewegung noch nie Wärme hervorgebracht u. dgl. m. Der Berichterstatter dieser Zeitung hat nachgehends seine Behauptung in einer Druckschrift widerrufen und die Auffindung der sogenannten Äquivalentenzahl der Wärme für eine vollendete Tatsache erklärt. Was aber die Redaktion der Allgemeinen Zeitung anbelangt, so veranlaßt mich das von ihr in diesen Sachen beobachtete Verfahren, den Wunsch auszusprechen, es möchte dieselbe, wenn sie keine glücklichere Wahl ihrer Korrespondenten zu treffen weiß, vor Aufnahme von Artikeln wissenschaftlichen Inhalts wenigstens einen wissenschaftlichen Beirat einholen."

Diese Fußnote blieb beim nächsten Wiederabdruck der Arbeit (1867) als nunmehr belanglos geworden weg.

Im Nachlaß Rümelins fand sich, wie Weyrauch mitteilt, ein wenig über hundert Zeilen langes, bei Weyrauch (Kleinere Schriften, S. 247) abgedrucktes Manuskript Mayers vor, „Über die physiologische Bedeutung des mechanischen Wärmeäquivalents", welches, soviel der Herausgeber in Erfahrung bringen konnte, bei Lebzeiten Mayers nirgends veröffentlicht worden war. Nach einer kurzen Auseinandersetzung über die Wichtigkeit der numerischen Festlegung des Wärmeäquivalents schließt Mayer damit, daß dieses Äquivalent zur Grundlage für ein Gebäude der wissenschaftlichen Physiologie bestimmt sei. Daß diese den derzeitigen Anforderungen nicht entspreche, sei ein öffentliches Geheimnis. Man arbeite sich durch einen immer größer werdenden Schutthaufen unzusammenhängender Tatsachen immer vergebens mit redlichem Eifer hindurch, ohne seinen Zweck erreichen und eine klare Einsicht in die einfachsten und wichtigsten Verrichtungen des menschlichen Körpers gewinnen zu können. „Es wird sich dies ändern, wenn einmal die Physiologie der genannten tatsächlichen numerischen Grundlage sich erfreut, was aber wohl freilich nicht so bald geschehen wird. Lehrt doch die Geschichte aller Zeiten, daß die Schulgelehrsamkeit, den Stalaktiten ähnlich, durch Juxtaposition gleichartiger Teile bereitwillig an Umfang zulegt, dagegen einen starren Widerstand jeder mehr als oberflächlichen Umgestaltung ihrer oft grotesken Gebilde entgegensetzt." Etwas derartig Unverbindliches gegen Vertreter der Forschung findet sich sonst nirgends in Mayers Schriften. Man kann sagen, es fällt aus seiner Anlage heraus. Nur bei der Erwähnung von Reichs „Lehrbuch der praktischen Heilkunde nach chemisch rationellen Grundsätzen" in der „Organischen Bewegung" bedient sich Mayer einmal einer ähnlich sarkastischen Wendung (Weyrauch, Mechanik der Wärme, S. 84). Aus Einzelheiten des Textes des oben erwähnten Aufsatzes geht hervor, daß dieser etwa im Anfang der fünfziger Jahre geschrieben ist.

Auch dort, wo Mayer von dritter Seite veranlaßt wurde, schärfer in die Diskussion einzugreifen, verhielt er sich dennoch maßvoll und lehnte dies sogar ab. So hat der etwas jüngere Griesinger, der in der damaligen Zeit literarisch kriegerisch aufzutreten pflegte, in der Überzeugung, daß „die Ausbildung und Durchführung einer rein physikalischen Ansicht der Lebensprozesse die Aufgabe der Physiologie unserer Zeit sei" (Weyrauch, l. c., S. 197), und der Mayer zugleich zu rascher und energischer Produktion anzuregen suchte, ihn aufgefordert, „auf das trockene Brot der Mechanik und Mathematik etwas kritische Butter zu streichen und polemisches Salz zu streuen" (S. 214 l. c.). Man müsse den Leuten, die gegenwärtig auf dem Gebiet der Physiologie und der physiologischen Mechanik das Wort führten, scharf zu Leibe gehen und keine Ruhe lassen (womit besonders Liebig und Lotze gemeint waren). „Solche Angriffe und tüchtige kritische Aufsätze erregen die Aufmerksamkeit weit mehr als das ruhige Hinstellen der eigenen Sätze." So sehr Mayer der ersteren Empfehlung beistimmte, so vorsichtig verhielt er sich dennoch gegen die andere, und er antwortete (16. Juli 1844) dazu: „Vorherhand muß ich natürlich mit der Polemik sachte tun, da ich von niemand verlangen kann, im Besitze einer physikalischen Wahrheit gewesen zu sein, welche eben erst aufgestellt wird," worauf er fortfährt: „wenn aber nach dem Gesetze der Trägheit dem neuen, besseren opponiert wird, so kann man dann crescendo verfahren."

Bemerkenswert ist ferner, daß sich Mayer später auch durch Dührings Ungestüm nicht fortreißen ließ.

Schließlich sei nochmals betont, daß die Geltendmachung seiner Priorität seitens Mayers, wenn auch entschieden, so doch stets in höflicher Art geschehen ist (siehe „Bemerkungen über das mechanische Äquivalent der Wärme", Weyrauch, „Mechanik der Wärme", S. 246). „Wenn ich aber diese Entdeckung auch nur dem Zufalle verdanke, so ist sie doch mein Eigentum und ich stehe nicht an, das Recht des Zuerstkommenden zu behaupten." Und in „Réclamation de priorité contre Mr. Joule": „Je crois être dans mon droit en répétant que c'est moi qui ai publié le premier l'an 1842 la loi de l'équivalence du calorique et de la force vive avec son expression numérique."

Neben den Dingen, welche seine Lehre betrafen, bestanden aber doch zwei Punkte, gelegentlich deren er in seinen Schriften ausfällig werden konnte. Einmal betraf dies die Frage des „Materialismus", welcher besonders mit seinem religiösen Fühlen kollidierte. Hierüber wird an anderer Stelle noch zu sprechen sein. Zweitens war es die durch seine eigenen betrübenden Erinnerungen geschärfte Kritik der früher üblichen Repressivmaßregeln gegen erregte Kranke in den Irrenanstalten, welche übrigens, als sie geschrieben wurde, bereits in der Hauptsache gegenstandslos geworden war, da sich inzwischen die einschlägigen Verhältnisse vollständig geändert hatten, wie denn auch Mayer selbst in seinem späteren Anstaltsaufenthalt nichts mehr davon gewahrt hat.

Ich finde in Mayers Fachschriften folgende Passus, die das gedachte Thema behandeln:

1. Ein Referat in den „Memorabilien", XIII, 1868, abgedruckt in Weyrauchs „Kleineren Schriften", S. 427 über „Medizinisch-statistischer Bericht über die Heilanstalt zu Wehnen, umfassend den sechsjährigen Zeitraum von 1861—1866 von Dr. L. Kelp", Oldenburg 1867, Druck und Verlag der Schulzeschen Buchhandlung. „Ein Beitrag zur Statistik der Irrenhäuser, welcher manches Wertvolle enthält. Welch trostlose Konfusion aber

dermalen noch in der diagnostischen Terminologie der Psychiatrie herrscht, zeigt auch diese kurze Abhandlung, worin indessen dieselbe freilich keine Schuld trägt. Die beigefügten Tabellen stellen die erzielten Heilresultate in ziemlich günstigem Lichte dar. Griesingers Name wird öfters genannt, ob aber auch dessen Geist echter Humanität die Anstalt durchweht, läßt sich, da von Therapie selbst nichts gesagt ist, aus dem Berichte nicht ermessen. Hoffen wir das Beste."

2. Ein Referat über „Ärztlicher Katechismus. Über die Anforderungen an die Ärzte. Von Dr. Karl Friedrich Heinrich Marx, Hofrat und ordentlicher Professor an der Universität Göttingen." Stuttgart, Verlag von Ferdinand Enke, 1876 („Memorabilien", XXI, Weyrauchs Kleinere Schriften, S. 436). Mayer zitiert den Text der Schrift (S. 67): „Auf daß ein Leidender, welcher gezwungen ist in ein Krankenhaus sich aufnehmen zu lassen, nicht glaube im Gefängnisse, sondern in einem Asyle sich zu befinden, haben zu seiner Beruhigung freundliche Sorge, aufrichtige Pflege und zarte Behandlung der betreffenden Personen sich zu verbinden. Je mehr ein Leidender die aufgedrungene Ablösung von Familie, Verwandten und Bekannten empfindet, um so rücksichtsvoller und schonender hat der Arzt das Seinige zu tun, um die Entbehrungen früherer Gewohnheiten, wenn auch nicht zu ersetzen, doch zu mäßigen." Mayer setzt hinzu: „Solche Worte möchten insbesondere auch gewissen Irrenärzten und Oberaufsichtskommissionen sehr zur Beherzigung zu empfehlen sein."

3. In dem Aufsatze über „Auslösung" (siehe auch oben S. 55): „Es geht aus dem Gesagten (es war vorher von der Verstimmung bei gewissen Kranken die Rede), wie ich hier beiläufig bemerken will, auch klar hervor, wie verkehrt es ist, wenn man in unverantwortlichem Schlendrian bei psychischen Leiden und geistigen Störungen, welche ohnedies keinem Sterblichen je ganz erspart bleiben, die so nötigen Auslösungen auf brutale Weise mit Zwangsjacken, Zwangsstühlen und Zwangsbetten unterdrückt. Freilich ist dies eine sehr bequeme Methode, indem solches gar keine Kunst erfordert; dieselbe gereicht aber erfahrungsmäßig in allen Fällen den so Mißhandelten zu großem Nachteile und läßt im günstigsten Falle ein bleibendes Gefühl von Verbitterung zurück. Möge, wer derartiges unsinniges Zeug anzuwenden imstande ist,

nur nicht auf den Titel eines gewissenhaften Arztes Anspruch erheben."

Abgesehen davon, daß es zu viel gesagt ist, wenn behauptet wird, daß „psychische Leiden und geistige Störungen keinem Sterblichen je ganz erspart bleiben", müssen wir Mayer heute hier beistimmen. Auch die Beobachtung, daß die Anwendung der Koerzitivmaßnahmen gelegentlich in Schematisierung übergehen konnte, mochte für die damalige Zeit zutreffen, und dies hat jedenfalls auch dazu beigetragen, das gesamte Regime schließlich zu verwerfen, welches nun einmal als Übergang von einer noch primitiveren Zeit, da man die unglücklichen Unruhigen anschmiedete, sie in den „Narrentürmen" der Stadtmauern oder in den Zuchthäusern einschloß, körperlich züchtigte, auf den Drehstuhl setzte u. dgl. m., nur historisch zu erklären und zu begreifen ist.

Ein eigentliches wissenschaftliches Verhältnis zur Psychiatrie hat Mayer nicht gewonnen. Wir finden in seinen Schriften diese nur dort berücksichtigt, wo sie in Beziehung zu seiner Entdeckung trat, als von den frei werdenden Kraftquanten in pathologischen Zuständen des Menschen die Rede war. In der „Organischen Bewegung" hat er bei Betrachtung des Unterschiedes zwischen Anstrengung und Leistung folgendes eingeschaltet:

„In Beziehung auf die Quantität einer mechanischen Leistung ist man leicht großer Täuschung unterworfen. Diesen Umstand wissen die Jongleure zu benützen und sich durch Gewandtheit den Anschein großer Kraftentwicklung zu geben. Auch bei der Betrachtung krankhafter Zustände kann man leicht durch das Schreckenerregende usw. irregeleitet auf große mechanische Leistung da schließen, wo nur ein geringer oder gar kein Effekt produziert wird. Die Kraftentwicklung ist während furibunder Delirien gewiß nie so bedeutend als bei einer angestrengten physiologischen Tätigkeit. Der Gesamteffekt, den der Epileptische während des Anfalls produziert, kann nur sehr gering sein. Die Leistung der Kaumuskeln im Trismus ist Null." Der Passus gibt ein Beispiel von Mayers Knappheit. Man hätte hiernach wohl eine kurze Ausführung erwarten können, in welcher Weise sich denn die physiologische (normale) Bewegung im Gegensatz zu den verschiedenen Formen der pathologischen kennzeichnet, worin zugleich die Begründung der Beobachtung, soweit sie zutrifft, gelegen ist. Die gleiche Stelle ist dann in ihrer ganzen

Ausdehnung noch einmal in dem Aufsatz „Über das Fieber" herübergenommen im Anschluß an folgendes: „Die Verminderung der Arbeitsproduktion ist, wie wir soeben gesehen, ein konstantes Symptom der Erkrankung im allgemeinen und der fieberhaften Erkrankung insbesondere. Während ein gesunder, fleißiger Arbeiter Tag für Tag ungefähr den sechsten Teil des Gesamtaufwandes von chemischem Effekt in mechanische Arbeit umsetzt, wird bei schwerer Erkrankung diese letztere Größe oder der Nutzeffekt bis auf Null reduziert und somit der ganze chemische Aufwand nur zur Wärmebildung verwendet. Auch bei Konvulsionen und maniakalischen Anfällen produziert das Muskelsystem viel weniger mechanische Arbeit als bei gesunder Tätigkeit." Er fährt dann nach der Einschaltung der oben zitierten Note aus der „Organischen Bewegung" fort: „Anders als mit der Tätigkeit der willkürlichen Muskeln verhält es sich aber mit der Herzleistung. Denn bei fieberhaften Erkrankungen findet bei weitem in der Mehrzahl der Fälle eine anhaltende Beschleunigung der Herzkontraktionen statt, und dabei ist gar oft der Puls zugleich voll und gespannt, woraus dann auch auf erhöhte Energie der einzelnen Kontraktionen geschlossen werden muß" usw. Zu dem zitierten Passus ist übrigens zu sagen, daß es nicht mit der praktischen Erfahrung im Einklang steht, wenn Mayer behauptet, die übermäßige Bewegungsäußerung der Geisteskranken stelle ein geringes Quantum mechanischer Leistung dar. Wenn dies auch häufig für die momentane Muskelanstrengung gilt — manche erregte Kranke können schon durch sehr mäßige Kraftentfaltung festgehalten werden —, so findet dennoch durch die oft fast ununterbrochene Nachhaltigkeit derartiger Zustände nicht selten ein sehr bedeutender Energieverbrauch statt, so daß demgemäß das Körpergewicht, wieder im Einklang mit Mayers eigener Lehre, in bedrohlicher Weise herabgehen kann.

III. Zur Psychologie und Psychopathologie Mayers.

Mayers Auffassung von seiner Erkrankung. — Krankheitseinsicht. — Die Ansichten der Biographen und Autoren über Mayers Erkrankung. — Der hereditäre psychopathische Grundzustand. — Bedeutung der psychischen Insulte. — Mythenbildung hinsichtlich Mayers Erkrankung. — Ernst Albert von Zeller. — Psychopathologie und psychiatrische Therapie um die Mitte des 19. Jahrhunderts. — Die religiöse Anlage. — Mayers Antimaterialismus. — Mayer und der Darwinismus. — Mayers krankhaftes religiöses Fühlen.

Nachdem im Vorhergegangenen bereits das wesentliche Tatsächliche über Mayers Erkrankung auseinandergesetzt ist, scheint es uns der Vollständigkeit halber angebracht, auf einige Punkte einzugehen, deren besondere Erörterung in den Kreis der Darstellung gezogen zu werden verdient, weiter oben aber als zu weit vom Thema wegführend oder als nicht unmittelbar mit diesem im Zusammenhang stehend nicht Platz finden konnte.

Ohne besondere Spezialkenntnisse und Erfahrungen in der Psychiatrie und Neurosenlehre und ursprünglich ohne Anlaß über gewisse persönliche und Familieneigentümlichkeiten nachzudenken hielt sich Mayer zunächst für ganz gesund. Dies war auch anfänglich gut für ihn. Bei seiner Anlage zu depressiven Anwandlungen und namentlich auch in Anbetracht seiner hypochondrischen Neigungen wäre es leicht ungünstig für ihn gewesen, wenn er schon in der Jugend, da er doch in diesen Jahren, wie es heißt, an Taedium vitae gelitten haben soll, sich hätte vorstellen müssen, daß er in gewissem Sinne ernstlich gefährdet sei. War doch, wie aus Landerers Zeugnis hervorgeht, sogar die Furcht geisteskrank zu werden bereits als hypochondrische Regung an ihn herangetreten. Hätte er sich diese auch ärztlich motivieren können, so hätte er sie vielleicht nicht so leicht abzuschütteln vermocht und alles dies hätte ihn psychisch vielleicht gelähmt oder gehemmt und ihm so noch mehr geschadet. Aber so vorteilhaft anfänglich seine Unbefangenheit war, so gut wäre es doch für ihn später gewesen, als die Krankheit ausgebrochen war, wenn er genauere Kenntnis über die besondere Art seiner Veranlagung gehabt hätte, nicht als ob etwa damit das Entstehen oder Wiedererscheinen der Krankheit selbst hätte verhindert werden können, aber er hätte sich doch wohl in den Zwischenzeiten entsprechender verhalten und sich besser beobachten und beurteilen gelernt, womit er sich selbst und seiner Umgebung manche Erleichterung hätte schaffen können. Offenbar hat in dieser Beziehung namentlich von den Kennenburger Ärzten später, als Gelegenheit dazu war, vieles nachgeholt werden können.

Seine Stimmungsschwankungen, von denen er in seinem Reisetagebuche spricht und welche vielleicht auch von der Ausreise her bestanden, möglicherweise gefördert durch die Vorempfindung einer unsicheren Zukunft, langer Trennung von den Seinen u. dgl., hat Mayer als pathologisch nicht erkannt, sondern sich normalpsychologisch erklärt, wobei zu bemerken ist, daß diese sich angesichts der Verhältnisse der damaligen Zeit und des jugendlichen Alters nicht als schwerer pathologisch darstellen.

Die ersten direkten Mitteilungen Mayers über seine Erkrankung ersehen wir aus den autobiographischen Aufzeichnungen (Konzeptmanuskript Weyrauchs, Mechanik der Wärme, S. 233) bei Erwähnung seines Fenstersturzes. Diese besagen, wie schon erwähnt, die Redaktion der Allgemeinen Zeitung hätte im Falle Seyffer ihrer Pflicht, ein begangenes Unrecht wieder gut zu machen, nicht Genüge getan, und fahren dann fort: „Diesem Umstande habe ich es beizumessen, daß ich in der Frühe des 28. Mai 1850 usw. in einem Anfall plötzlich ausgebrochenen Deliriums durch das Fenster auf die Straße sprang", und da auch Rümelin den Zusammenhang in dieser Weise darstellt, so folgt, daß Mayer für diesen Akt die ihm zugefügte Kränkung als ursächlich annahm oder wenigstens annahm, daß er in den abnormen Zustand, aus dem heraus er geschah, durch diese Kränkung oder vorwiegend durch diese Kränkung versetzt worden sei.

An dieser Stelle ist es wünschenswert, vorher auf einen Gegenstand einzugehen, der auch weiterhin noch zu erwähnen sein wird.

Es findet sich bei Rümelin in der Skizzierung der dem Sturze vorangehenden bewegten Zeit Mayers die Wendung, nachdem aller Zuspruch nichts geholfen hätte, wäre die Aufregung immer krankhafter geworden und sie hätte sich schließlich in einer heftigen Gehirnentzündung entladen. Diese schien schon wieder gehoben, da geschah der Sturz in der Frühe des 28. Mai. Nun konnte ja Rümelin als Nichtmediziner nicht so genau wissen, um was es sich eigentlich gehandelt hat, aber es ist wohl wahrscheinlich, daß die Angabe, es sei eine heftige Gehirnentzündung ausgebrochen, von

Mayer selbst stammt. Wir ersehen nämlich aus dem Briefe, den Mayer bei Beginn seiner von neuem einsetzenden nervösen Beschwerden im November 1851 an Lang richtet (siehe S. 17), daß er soeben im Stadium prodromorum einer Gehirnentzündung gewesen sei und daß sein (nicht mehr vorhandener) letzter Brief an Lang in der Zeit des bereits ausgebrochenen und rasch zunehmenden Deliriums geschrieben gewesen sei. Die Krankheit hätte aber jetzt eine über alles Erwarten günstige Wendung genommen, er könne jetzt seinem Berufe nachgehen, sein Gehirn sei aber noch in einem Zustande von Blutanschoppung zurückgeblieben, und das Gemüt sei deshalb noch in einer reizbaren, teilweise hypochondrischen Stimmung, während andererseits wieder jeder physische Reiz nachteilig auf das somatische Organ zurückwirke.

Es kommt nun hier zunächst darauf an festzustellen, daß das, was in den angeführten Stellen von Mayers „Gehirnentzündung" gesagt ist, jedenfalls in keiner Weise demjenigen entspricht, was man heute unter einer solchen Krankheit versteht. Eine Gehirnentzündung oder Gehirnhautentzündung akuter Art, wie sie hier nur gemeint sein könnte, ist stets eine schwere Erkrankung, gewöhnlich auf Grund einer allgemeinen Infektion des Gehirns oder seiner Hüllen, z. B. mit Tuberkulose oder mit Eitererregern, wie bei Schädelverletzungen oder Abszessen der Schädelhöhle oder ihrer Nachbarschaft. Die etwaige Rekonvaleszenz von solcher Krankheit geht auch gewöhnlich sehr langsam, oft überhaupt unvollständig vor sich. Ein so rasches Wechseln des Kommens und Gehens der Symptome, wie bei Mayers Fall, hat mit solcher Erkrankung nichts zu tun. Eher hätte der hypothetische Sonnenstich an Bord von 1840 auf eine Gehirnhautentzündung bezogen oder für das Wiederauftreten einer solchen verantwortlich gemacht werden können, aber auch ein etwaiges Rezidiv dieser Erkrankung hätte ganz anders aussehen müssen, wäre mit schweren Bewußtseinsstörungen, hohem Fieber, Lähmungserscheinungen, mindestens aber viel gleichmäßiger verlaufen.

Gegenwärtig nach zahlreichen eingehenderen neueren Beobachtungen teilt man übrigens die Ansicht von einer derartig pathogenen Wirkung der Insolation nicht mehr. Der Sonnenstich, die Überhitzung des Körpers durch vermehrte direkte Bestrahlung, und der Hitzschlag, diejenige durch die ungenügende Wärmeabgabe

des Individuums, veranlaßt hiernach sonst gesunden Individuen
weder unmittelbar noch in der Folge psychische Störungen besonderer Art. Letzteres kommt vielmehr lediglich der psycho-
neurotischen Anlage der Betroffenen zu und der Zusammenhang
ist hier dem gelegentlichen Ausbrechen einer Psychose nach einem
Unfalle analog (traumatische Psychose). Das Trauma wirkt hier,
wie es scheint, allgemein schädigend auf das labile Nervensystem
ein, welches ja auch sonst auf andere Insulte ähnlich sensitiv ant-
wortet („Erschöpfungspsychose", siehe auch A. Hiller, „Die
psychopathische Hitzschlagform und über sogenannte merkwürdige Fälle", Deutsche militärärztliche Zeitschrift 1912, Heft 19).
Es ist also im Falle Mayers hinsichtlich des nosologischen Ge-
samtbildes nicht von großem Belang, ob ein solcher Vorfall sich
ereignet hat. Entspricht das Angegebene aber den Tatsachen,
so fällt dies zunächst wieder für das Vorhandensein einer allgemeinen psychopathischen Disposition bei Mayer ins Gewicht.

Was bei Mayer vorlag, war durchaus keine Gehirnentzündung
in unserem Sinne, sondern Mayer meinte selbst damit zweifellos
lediglich eine Gehirnkongestion, einen Blutandrang nach dem
Kopfe, von dessen Vorhandensein er sich leicht selbst überzeugen
konnte und welcher an sich gewiß auch geeignet war, besonders
bei einer so nervös sensiblen Natur wie Mayer allerhand Beein-
trächtigungen des Befindens hervorzurufen. So ist es auch zu
verstehen, daß er in dem Briefe an Lang sagt, es sei noch eine
Blutanschoppung zurückgeblieben, die ihm noch Reizbarkeit und
hypochondrische Stimmungen verursache. Während unser medizinisches Denken seither durch die Einblicke in wichtige neue
Gebiete der Pathologie verhältnismäßig sehr peinlich und korrekt
geworden ist, hielt man es zu Mayers Zeit für statthaft, wenn ein
kongestioniertes Organ ein „entzündetes" genannt wurde, ähnlich wie der Laie jetzt noch ein nach Eindringen eines Kohlen-
stäubchens in den Bindehautsack und nachheriges starkes Reiben
gerötetes Auge ein „entzündetes" nennt, während es sich doch
hier in unkomplizierten Fällen auch nur um Blutandrang handelt.
Auch in der Psychiatrie wurde hier noch nicht ganz scharf unterschieden (siehe z. B. Flemming, „Pathologie und Therapie
der Psychosen", Berlin 1859, S. 119).

Die Sache liegt bei Mayer nur insofern besonders, als sich
jetzt leicht die Frage erhebt, ob nicht die gedachte Gehirnkon-

gestion speziell bei ihm Erscheinungen bedingen konnte, welche
nun zur Erklärung der abnormen psychischen Vorgänge, die uns
hier interessieren, herangezogen werden können oder müssen.

Daß ein derartiger Zustand Anlaß geben kann zu psychischen
Veränderungen, kann nicht bezweifelt werden, aber er wird dies
im allgemeinen nur dann können, wenn er selbst Teilerscheinung
einer tieferliegenden allgemeineren Störung ist. Eine bloße, auf
äußeren Zufälligkeiten beruhende Blutüberfüllung des Gehirns
kann bei gesunden Menschen freilich auch allerhand abnorme
Empfindungen veranlassen, auch wohl auf das Psychische,
vielleicht auch direkt auf den Gedankenablauf einwirken, aber
dieser Effekt wird meistens als etwas dem Individuum Fremd-
artiges empfunden werden, es wird sich seiner Fortdauer zu entziehen suchen und seine Ursache nach außen verlegen. Anders
in pathologischen Fällen. Hier würde eine solche Änderung der
Blutzirkulation aus inneren Gründen weiter und tiefergreifend
wirken können, gleichgültig, ob sie durch den pathologischen Zustand selbst verursacht ist oder ob sie sich erst zu einem solchen
hinzugesellt. Auch bei Mayer liegt es nun so, daß, wenn es sich
um kongestive Zustände des Gehirns gehandelt hat, diese jedenfalls nicht von außerhalb gelegenen Einflüssen in der Hauptsache
sich hergeschrieben haben, sondern eine Teilerscheinung seines tieferliegenden allgemeinen krankhaften Zustandes bildeten, e n d o g e n
entstanden waren. War doch auch ihr Auftreten im Herbst 1851
nicht durch eine besondere äußere Schädlichkeit veranlaßt, wovon wir doch sonst auch gewiß etwas erfahren haben würden.
Was die 1850 vorangegangenen Gemütsbewegungen betrifft, so
hat sie zwar Mayer allerdings ziemlich deutlich als Ursache quali-
fiziert, aber doch nicht als ganz direkte. Er sagt ja, er sei „im
Delirium" auf die Straße hinuntergesprungen. Dabei denkt er
freilich wieder, dieses Delirium sei durch die Beleidigungen her-
vorgerufen worden, und im ganzen mochte er es sich wohl so vorstellen, daß die Handlung teils mittelbar, teils unmittelbar durch
jene veranlaßt worden wäre. Eine unmittelbare Zurückführung
seinerseits erhellt aus der Bemerkung gegenüber Mülberger,
als dieser ihn in Kennenburg aufnahm und nach dem Vorfall
befragte: „Causa aequat effectum", womit er jedenfalls andeuten
wollte, jener Affront sei so schwer gewesen, daß er eine solche
Tat rechtfertigte oder erklärlich machte. Da er dies aber lachenden

Mundes sagte, und überdies selbst immer betonte, man müsse mit den für die Physik geltenden Theorien in der Psychologie behutsam sein, so ist nicht anzunehmen, daß er von diesem Argumente gar so sehr durchdrungen gewesen ist.

Ebensowenig, wie man nun annehmen kann, jemand könne durch eine einfache Gehirnkongestion im allgemeinen zu einer folgenschweren Momenthandlung gedrängt werden, ebensowenig kann man sich vorstellen, daß der Streit über eine Theorie einen Entdecker, der sich obendrein sicher in seinem Rechte wissen mußte, hätte in einen selbstgewählten Tod treiben sollen. Wir müssen vielmehr annehmen, daß der Akt des Fenstersprungs nicht normalpsychologisch erklärt werden kann, daß er die Symptomhandlung eines Krankheitszustandes darstellt, und zwar eben desjenigen, welchem Mayer durch seine besondere psychopathische Anlage unterworfen war. Er erscheint also als ein gemeinsames Resultat seiner schweren Depression im Verein mit dem pathologischen, stark gesteigerten Bewegungsdrange. Daß bei Mayer keine eigentliche Suizidneigung vorhanden war, wird schon dadurch wahrscheinlich, daß die natürlichen Abwehrbewegungen offenbar sehr ausgiebig in Funktion traten, weshalb auch der Sturz verhältnismäßig günstig verlief. Auch steht eine solche Annahme mit Mayers ausgesprochener religiöser Denkart nicht im Einklange. Daß äußere Momente ursächlich mitbeteiligt waren, ist dabei durchaus nicht ausgeschlossen, und es ist sogar wahrscheinlich, daß die Unruhe der schlecht verbrachten Nacht und ganz besonders die zufällige große Sommerhitze die abnorme motorische Entladung förderten und die bereits vorhandene Kopfkongestion erheblich steigerten.

Mayer war damals so abnorm depressiv erregt, daß er sogar Zweifel in die Richtigkeit seiner Lehren setzte, welche ihm doch inzwischen schon von autoritativster Seite bestätigt waren. Rümelin berichtet, er habe einmal zu dieser Zeit zu ihm gesagt, entweder sei sein ganzes Denken anomal und pervers, dann sei sein richtiger Platz im Irrenhaus, oder aber, er habe eine neue wichtige Wahrheit erkannt und finde dafür statt Anerkennung noch Hohn und Schmähung, ein Drittes gebe es nicht. Beides sei gleich niederdrückend. Diese Äußerung zeigt eine extreme Auffassung der Sachlage. Denn er hatte doch nicht letzteres allein geerntet, und was das erstere betrifft, so ist eine verfehlte

Theorie kein Zeichen dafür, daß das Denken ihres Urhebers anomal und pervers ist und ist kein Anlaß zu seiner Verbringung ins Irrenhaus. Wäre dies der Fall, so müßte die Geschichte fast aller Wissenschaften von solchen Beispielen gradezu wimmeln.

Mayer hatte die individuelle Art, die Dinge immer mit einer gewissen Ausschließlichkeit zu betrachten, sich von ihnen völlig erfüllen zu lassen, eine Besonderheit, der er seine Entdeckung neben anderem gewiß mitzuverdanken hatte, und er hat sich selbst als einen „Temperamentfühler" bezeichnet. Er gewahrte sehr wohl, daß dieser Zug wesentlich namentlich auch in sein erregtes Gemütsleben hineinspielte, ohne sich Rechenschaft geben zu können, daß eben in dieser Eigentümlichkeit bereits der Ansatz zu einer abnormen Erregbarkeit lag und daß dieser sich noch erheblich weiter erstreckte, als er sich ihn in besonderer Weise zuschreiben zu müssen glaubte. So war denn sein Selbsturteil wohl in gewissem Sinne zutreffend, aber es blieb unvollständig, und deswegen fiel es ihm später schwer, seine Ansicht in allgemeinere Gesichtspunkte einzufügen. Er blieb im ganzen der Meinung, er sei leicht erregbar und neige zu Gehirnentzündungen, d. h. -kongestionen, Kränkung und schlimme Behandlung seien geeignet, diese Krankheitszeichen bei ihm hervorzurufen und hätten im Verein mit diesen und besonders seinem leicht erregbaren Naturell zunächst speziell sein außergewöhnliches Verhalten im Mai 1850 veranlaßt.

In solcher Weise dachte er nun auch in der Hauptsache über seinen Zustand, als dieser im Herbst 1851 sich diesmal allerdings ohne vorhergegangene deutlich nachweisbare Ursache wieder zu verschlimmern begann. Da dieser im Beginn des Frühjahrs, als Mayer sich in Kennenburg und Winnental befand, sich noch einigermaßen hielt, so war auch nichts dagegen zu sagen, daß Mayer einen ihm behagenden Gedankenaustausch, wobei er allerdings in erster Linie seinen physikalischen Ideenkreis im Auge hatte, aufsuchen wollte, wiewohl ihm der Natur der Sache nach durch diesen allein nicht gedient sein konnte. Als aber bald nach Mayers Eintreffen in Göppingen die krankhafte Erregung wuchs, mußte das völlige Überwuchern dieses Ideenkreises der Umgebung selbst schädlich erscheinen, und man glaubte zweckmäßig zu handeln, wenn man möglichst wenig darauf einging. Schließlich zwang der Auftritt auf dem Bahnhofe bei Mayers beabsichtigter Abreise von Göppingen die Ärzte, ihn wider Willen in der Anstalt festzuhalten. Damit war gleichzeitig der Beginn der manifesten Psychose gegeben.

Mayer hat bei dieser Erkrankung in Göppingen die beiden verschiedenen Phasen derselben, die depressiv-manische und die manisch-hypomanische, bei ihrem Übergange ineinander deutlich vermerkt. Er schreibt darüber in Weyrauchs Konzept, Mechanik der Wärme, S. 306:

„Als ich diesen schweren und auch letzten gefährlichen Anfall (gemeint ist in der Hauptsache die Erregungsperiode S. 21) trotz der teilweise ganz unsinnigen Behandlung glücklich überstanden hatte und sich bei festem Schlafe und starkem Appetite — wobei ich über Überfütterung nicht zu klagen hatte[1]) — meine Kräfte rasch wieder herstellten, erging es mir etwa wie einem, der sich aus wüstem Rausche erholt hat. Ich war mir meiner wunderbar wiedererlangten geistigen Gesundheit mit Freuden bewußt.

„In kurzer Frist war auch eine völlige Veränderung mit mir vorgegangen; von schwärmerisch-pietistischer Sentimentalität keine Spur mehr[2]); ich war wieder Mann geworden und fürchtete mich wie Doktor Faust weder vor Tod noch Teufel; je mehr Herr Landerer und seine Helfershelfer mich folterten, und dies geschah auf eine Weise, welche der weiland spanischen Inquisition zur Ehre gereichen konnte, desto fester wurde mein krankhaft weiches Gemüt.“

Der subjektive Unterschied zwischen dem Inhalt der ängstlich-erregten und der gehobenen Stimmungsperiode ist hier deutlich charakterisiert. Über den Schlußpassus wird an anderer Stelle noch zu reden sein.

Bevor wir in unserer Betrachtung weiterschreiten, ist es zweckmäßig, an dieser Stelle in einer kurzen Übersicht zusammenzustellen, was die verschiedenen Autoren, die über Mayer geschrieben haben, über die psychische Verfassung Mayers sagen zu müssen glauben.

---

[1]) Landerers Zeugnis: „Die Diät, anfangs sehr mager, wurde später mit einer kräftigen vertauscht und letztere bis heute beibehalten.“

[2]) Bezieht sich auf seine religiösen Skrupel über „seinen Mangel an Demut“.

Rümelin (s. l. c.), ist der Ansicht, Mayer sei seit seiner Erkrankung nie wieder ganz gesund gewesen. Die krankhaften Aufregungen wiederholten sich und hätten sich nie mehr ganz verloren, sein weiteres Leben sei im ganzen und großen nur als eine Krankengeschichte zu bezeichnen. Rümelin hat Mayer selbst in dieser Zeit öfter, aber nur bei kürzeren Besuchen gesehen. Von Einzelheiten vermerkt Rümelin besonders die Zeit des Vortrags auf der Innsbrucker Versammlung 1869. Der Besuch dieser Versammlung, das persönliche Auftreten in der Mitte zahlreicher und unbekannter Fachgenossen, für die Mayer (der bis dahin niemals öffentlich gesprochen hatte) der Gegenstand besonderer Aufmerksamkeit sein mußte, sei ein gewagtes, nach seinem sonstigen Wesen überraschendes Unternehmen und nur dadurch erklärbar, aber auch um so bedenklicher gewesen, daß er sich grade um diese Zeit nicht in einer normalen und ruhigen Periode seines Gemütszustandes befunden zu haben scheine. Nach mündlichen Mitteilungen und Zeitungsberichten hätte er dort auf einen großen Teil dieses „urteilsfähigsten Publikums" den Eindruck eines Mannes von nicht voller geistiger Gesundheit gemacht. Hierzu sei bemerkt, daß auf eine Umfrage Weyrauchs (Kleinere Schriften, S. 452 ff.) einige Teilnehmer der Versammlung erklärten, sie hätten keine derartigen Beobachtungen gemacht. Rümelin setzte auch hinzu, Mayer habe sich bei dem Besuche Dührings im Sommer 1877 in Wildbad in einem Zustande gesteigerter Erregung befunden.

Weyrauch (Mechanik der Wärme, S. 308) sagt, sein geistiger Zustand sei im allgemeinen normal geblieben, jedoch periodisch unterbrochen durch Zeiten krankhafter Erregung, über deren Auftreten er sich sehr wohl bewußt war und die er selbst am meisten bedauerte.

Carl Vogt, der bekannte Zoologe, Anthropologe und Mediziner, hielt Mayer auf der Innsbrucker Versammlung für geistesgestört, aber nicht wegen seines Auftretens, sondern wegen des Inhalts seines Vortrags und besonders wohl wegen der Wendung am Schlusse desselben.

Der Philosoph S. Friedländer („Julius Robert Mayer", Leipzig, 1905) schreibt S. 27: „Mayer ist niemals geistes-, vielleicht hin und wieder gemütskrank gewesen. Sein Gemüt wurde dann von Zeit zu Zeit unerträglich gespannt, er mußte Anstalten aufsuchen, um es zu besänftigen."

W. Ostwald („Große Männer", Leipzig 1905) hält dafür, daß Mayer nach Bearbeitung seiner Entdeckung in ähnlicher Weise wie andere bedeutende, von Ostwald näher studierte Naturwissenschaftler, an denen der Autor analoges gefunden zu haben glaubt, von einer großen Erschöpfung mit religiöser Schwärmerei befallen wurde, welche besonders auch durch die Notwendigkeit herbeigeführt worden sei, das gesamte intellektuelle Handwerkszeug des Physikers sich nachträglich anzueignen. 1851 sei dann eine Gehirnentzündung dazu gekommen, die allerdings sehr schnell abgelaufen sei, aber zur Folge gehabt hätte, daß er in die Irrenanstalten überführt wurde.

E. Dühring, welchen Mayer 1877 von Heilbronn aus aufsuchte und welcher in der letzten Zeit mit ihm korrespondierte, stellt in Abrede, daß Mayer geisteskrank gewesen sei. Es muß hier hinzugefügt werden, daß sein Buch „Robert Mayer, der Galilei des 19. Jahrhunderts" (Chemnitz 1880, II. Teil Leipzig 1895) eine Kampfschrift ist und eine solche sein will (s. o.). Dühring stützt sich besonders auf Mayers persönliche Auskunft bei seinem Besuche in Wildbad auf die Frage (Teil I, S. 135), welcher Art seine Geistesverfassung in jener kritischen Zeit gewesen sei, und ob sie irgendwie dem nahegekommen wäre, was man als Geistesstörung zu bezeichnen pflege, eine Frage, welche Mayer mit ebensolcher Entschiedenheit als Ruhe verneint habe. Eine gewisse melancholische Stimmung sei alles gewesen, was ihn je angewandelt habe. Diese Niedergedrücktheit sei damals durch die schlimmen Erfahrungen vollkommen motiviert gewesen. Sie habe nicht im Materiellen und in seinem Inneren, sondern in den äußeren Einwirkungen des Verdrusses ihren Grund gehabt.

Der Physiker A. Neuburger („Robert Mayer über die Erhaltung der Kraft", Voigtländers Quellenbücher, XII, Leipzig 1912) schreibt (S. 21), nachdem er den Fenstersturz „im Delirium" erwähnt hat: Obwohl er am Ende des Jahres die durch außerordentliche Klarheit ausgezeichnete Schrift „Bemerkungen über das mechanische Äquivalent der Wärme" veröffentlicht habe, habe ihn seine Familie ins Irrenhaus bringen lassen. Hier sei er aufs roheste mißhandelt und in die Zwangsjacke gesteckt worden, nur schwer sei es ihm gelungen, seine Befreiung zu erzwingen. Als er endlich die Irrenanstalt verlassen habe, sei er ein gebrochener Mann gewesen (s. auch S. 83)[1]).

Wir haben hier also verschiedene anscheinend sich sehr widersprechende Ansichten vor uns: wenigstens temporäre Geistesstörung (Carl Vogt), dauernde wechselnde Beeinträchtigung der geistigen Fähigkeiten (Rümelin), Verlust der außergewöhnlichen Gabe nach der Erkrankung (Ostwald), Heilung mit Rückfällen (Weyrauch), keine Geistesstörung, sondern „Gemütskrankheit" mit nervösen Folgezuständen (Friedländer), keine Geistesstörung, sondern physiologischer Verdruß (Dühring), psychisches Nachlassen seit dem Aufenthalte im Irrenhause (Neuburger). Diese Urteile rühren sämtlich von Nichtfachleuten her, von Vogt allenfalls abgesehen.

Wie ist es möglich, daß so viele verschiedene Ansichten über ein und denselben Hergang auftauchen konnten?

Wir haben gesehen, daß Mayer von Geburt bestimmte besondere Eigenschaften mitbekommen hatte, worunter die wichtigsten für unsere Betrachtung bestanden in übermäßiger geistiger

---

[1]) Schon Tyndalls Darstellung („Heat considered as a mode of motion", deutsche Übersetzung der vierten Auflage, Braunschweig 1894) hält ebenso wie diejenige St. Roberts (Principes de Thermodynamique, 1871) die Frage der Nichtanerkennung der wissenschaftlichen Schöpfung Mayers und diejenige seiner geistigen Erkrankung nicht genügend auseinander. Dies sind verschiedene Dinge. „Und welche Belohnung", sagt Tyndall (s. l. c. S. 692), „ward Mayer bei Lebzeiten zuteil? Welcher Anerkennung durfte er sich erfreuen? Die Antwort ist sehr traurig. Thomas Young wurde von Brougham in England lächerlich gemacht und mit Erfolg, weil Young seiner Zeit so weit voraus war. Von Georg Simon Ohm hieß in es den ‚Berliner Jahrbüchern für wissenschaftliche Kritik', er sei das Opfer einer unheilbaren Täuschung; in der gleichen Weise wurde auch Mayer von seinen Mitbürgern verurteilt und von der ‚Allgemeinen Zeitung' dem öffentlichen Hohne preisgegeben. Wie Rümelin sehr weise bemerkt, wurde die Energie der Konzentration, die die Basis seines Ruhmes war, auch die Quelle seines Elends. Er konnte das Bewußtsein der Ungerechtigkeit, das ihn stets verfolgte, nicht abschütteln." Tyndall knüpft dann an den von Rümelin mitgeteilten Ausspruch Mayers an (s. S. 70), berichtet über den Unglücksfall vom 28. Mai 1850 und das Folgende und schließt: „... aber die Seele der Forschung war in ihm geknickt; er kehrte zu seinem ärztlichen Beruf zurück, und wenn er auch noch einige kleinere Sachen später publizierte, so gaben sie doch nur ein schwaches Zeugnis des wunderbaren Genius, der die ersten acht Jahre seiner wissenschaftlichen Laufbahn charakterisierte."

und geistig-körperlicher Erreglichkeit, starker bis hemmungsloser Konzentration der Vorstellungstätigkeit (abnormer Tenacität) und entsprechendem außergewöhnlichen Festhalten der gleichen Stimmung, neben welchem freilich auch gelegentlicher rascher Wechsel dieser vorkommen konnte, weiter in weitreichender psychischer Unbeeinflußbarkeit. Diese Eigenschaften konstituierten zusammen namentlich auch das, was bei Mayer zuzeiten so sehr als „starrer, unbeugsamer Wille" auffiel. Wir wiesen dieses Ensemble seiner psychopathischen Disposition zu und sahen, daß seine akute schwere Erkrankung teilweise in einer hohen Steigerung dieser Einzelcharaktere und ihrer Kombination bestand.

Eine solche angeborene neuropathische Disposition bleibt vom Individuum unzertrennlich. Dieser allgemeine Satz ist nun nicht etwa so zu verstehen, als wenn der einzelne oder der Erzieher machtlos wäre gegen gewisse ungünstige Anlagen; auch der Neuropath kann sich im allgemeinen ändern und sogar sehr zu seinem Vorteile, aber wenn in der Beanlagung selbst eine so große Unbeeinflußbarkeit mitvorhanden ist, wie sie Mayer besaß, so sind dafür keine günstigen Aussichten vorhanden. Mit anderen Worten, Mayer ist zeitlebens derselbe geblieben, der er war, er ist sich absolut treu geblieben in seinem Wesen, abgesehen von den sehr geringen Änderungen, die das Lebensalter mit sich brachte, so z. B., daß sich im höheren Alter seine große Erreglichkeit vielleicht wenigstens etwas legte. Er hat sich nie anders gekannt, als er von Kindesbeinen an gewesen war. Nun denke man sich Mayers gewaltiges Temperament in bezug auf die Erlebnisse, welche er nach Internierung in den Anstalten zu einer Zeit, als die Behandlungsmethoden noch primitiv und ungeeignet waren, hinter sich hatte. Mochte er gern zugeben, daß er zeitweise nervös erkrankt gewesen sei, so empörte sich doch seine natürliche Reizbarkeit unwillkürlich gegen das, was er sich daran selbst nicht klar machen konnte. Mit anderen Worten, sein ihm unverständliches Erlebnis nährte seine angeborene neuropathische Erregung wieder. Wußte er doch aus eigener Erfahrung von sich aus nicht einmal, was ganz normal war. Er hielt eben seine angeborene Abnormität für seine Individualität, wie jeder andere unbefangene und nicht durch besondere Reflexionen aufmerksam gewordene Mensch auch. Er weiß wohl, daß er zeitweise nicht nervengesund ist, spricht von seinem „Delirium“, von seiner „Gehirnentzündung“, sucht freiwillig Nervenarzt und Nervenheilanstalten auf, dankt den Ärzten in herzlichen Worten (s. Weyrauch, Briefe an die Kennenburger Ärzte, Kleinere Schriften). Wenn man aber sozusagen an die tiefer liegenden Schichten seiner Psyche rührt, so glaubt er, es handle sich um eine ganz andere Sache. Auch in diese Verhältnisse hat er jedoch vielleicht, in späteren Jahren sogar wahrscheinlich, einen besseren Einblick gewonnen, aber wie alt hätte er werden müssen, um ausschließlich oder vorwiegend aus eigenen Erfahrungen volles Verständnis zu erreichen?

Dieser psychologische Sachverhalt genügt im ganzen, um die spätere Stellung Mayers in Beurteilung seines unfreiwilligen Aufenthalts in Göppingen und Winnental zu verstehen, und es wäre verfehlt, hierzu etwa einen sogenannten „Erklärungswahn“ annehmen zu wollen. Eine Wahnbildung hat Mayer ja in der Hauptsache auch nicht gezeigt. Seine intellektuelle Beeinträchtigung bestand neben den auf dem depressiven Grundzustand aufschießenden Versündigungsideen im Überstürzen von Gedanken und Handlungen, zu dem er seit jeher geneigt hatte, aber er war nun einmal auf dem Höhepunkte der Erregung in dieser Weise für sich und andere eine Gefahr. Seine spätere, so starke, gefühlsmäßige Reaktion gegen seine Erlebnisse im Irrenhause wird dadurch noch begreiflicher, daß er gemäß seinem Verdienste gewiß auf ganz besondere Rücksichtnahme Anspruch gehabt hätte. Daß man dieses nicht sofort in seiner Tragweite erkannte, war gewiß traurig genug, aber dies ist in der Geschichte des Genies häufig und liegt vielleicht in der Natur der Leistung des großen Geistes.

Leicht erklärlich ist auch, daß die Erregung unmittelbar nach Ablauf der Erkrankung zunächst einige Zeit stärker gesteigert blieb. Es lag eben auch keine scharfe Grenze zwischen der „Erkrankung“ und der „Genesung“ des lediglich „Gebesserten“.

Es sei also nochmals festgestellt, daß Mayer als geborener Psychopath nach dem Ablauf der akuten Erkrankung wieder zu seinem früheren leicht abnormen Zustande zurückkehrte. Es war dies keine Heilung, keine neue Erkrankung, kein Rest der abgelaufenen, es war aber auch keine volle Gesundheit. Wir sehen also, wie hier im Grunde alle Beurteiler einig sind und daß sie sämtlich in gewissem Sinne recht haben.

Es kommt aber hier sogleich noch etwas Wichtigeres weiter in Betracht.

Daß Mayer immer etwas wunderlich war, ist allen, die ihm persönlich näher standen, stets bekannt gewesen. Man begreift also Rümelin nicht recht, wenn er so viel Auffälliges in der nach der Erkrankung seines Freundes fallenden Zeit erblickt (siehe S. 73), nachdem er selbst doch mitgeteilt hat, daß dessen eigentümliches Wesen schon in den Schuljahren andern unbehaglich werden konnte und daß er als Student sogar Fernstehenden als origineller Mensch bekannt war, von dem mancherlei wahre und falsche Anekdoten kursierten. Das natürlichste ist doch anzunehmen, daß Mayer eben der im ganzen absonderliche Mensch blieb, der er immer gewesen war, und es wäre sogar sehr merkwürdig, wenn es sich anders verhalten hätte. Wenn Rümelin sagt, er habe auf den größten Teil der Innsbrucker Versammlung den Eindruck eines Mannes von nicht voller geistiger Gesundheit gemacht, so ist dies erstens schief ausgedrückt, denn eine eigentlich intellektuelle Störung hat Mayer damals nicht gehabt, und die Stelle seines Vortrags, welche Vogt für seine Geisteskrankheit vielleicht bezeichnend fand, gilt in vielen und großen Kreisen als eine sehr tiefe und ernste Wahrheit. Ferner muß dazu bemerkt werden, daß Nervöse oder Neuropathen in allen Lebensaltern, namentlich auch in fremder oder ungewohnter Umgebung, durch allerhand Besonderheiten sehr leicht auffallen können. Sie werden oft leicht abgespannt, zerstreut, mißgestimmt durch allerhand Empfindlichkeiten, kleine Zwänge, Besorgnisse, Unbehaglichkeiten, man sieht es ihnen dann oft an, auch wenn sie sich Mühe geben es zu verbergen. Dagegen ist wieder notorisch, daß häufig unheilbare Geisteskranke im gewöhnlichen Verkehr auch für das „urteilsfähigste Publikum“ ganz und gar nicht auffällig zu sein brauchen. Übrigens ergibt sich aus der Antwort auf die Anfrage Weyrauchs an verschiedene Teilnehmer der Versammlung, daß Mayer ihnen keinen pathologischen Eindruck gemacht hat. Sachlich ist auch in Rümelins Ausführungen nicht richtig, daß es ein „Zeugnis einer großen und seltenen Begabung ist, daß er in späteren Jahren in den Pausen von Geistestrübungen noch die Kraft und Sammlung zu solchen schriftstellerischen Leistungen fand“. Dies ist kein Zeugnis von großer und seltener Begabung, denn es gibt nicht wenige Intellektuelle, die, auch wenn sie mehrfach das Unglück haben, anstaltsbedürftig zu werden, dennoch in den Zwischenzeiten zu ihrer Beschäftigung oder ins Amt zurückkehren und dort unvermindert ersprießlich wirken.

In einer Beziehung ist indes Rümelin dennoch zu verstehen. Dieser, der Mayer später immer nur kürzere Zeit sah, konnte leicht geneigt sein, das eigentümliche Festhalten Mayers an seiner psychischen Form durch die Jahrzehnte immer fremdartiger zu empfinden, während er selbst durch vielfache innere Wandlungen einer ganz andersartigen Laufbahn immer mehr Neues aufnahm und immer mehr ein anderer wurde. Man kann daher das dahin-gehende Urteil so fassen, daß, obgleich Mayer von jeher als ein wunderlicher Mensch betrachtet worden war, seine Absonder-lichkeiten später immer mehr bemerkt wurden, namentlich auch seitdem sein Anstaltsaufenthalt die Aufmerksamkeit stärker dar-auf gelenkt hatte und dadurch, daß er allmählich eine bekannte Persönlichkeit wurde.

Daß Mayer eine „Krankheitseinsicht" besessen hat, geht aus seinen freiwilligen Konsultationen der Ärzte, dem Auf-suchen der Heilanstalten und vielen Briefstellen und Stellen aus den autobiographischen Aufzeichnungen hervor. Diese Krank-heitseinsicht war aber dadurch erschwert, daß er keinen rechten Vergleich mit dem hatte, was er seine Gesundheit hätte nennen können, sozusagen keine volle Einsicht in einen Normalzustand, und weiter, weil er durch die Anwendung der mangelhaften und fehlerhaften Behandlungsmethoden, die damals noch üblich waren und welche ebenso wie bei vielen anderen Anstaltspatienten auch bei ihm ein Gefühl der Bitterkeit hinterließen, weswegen eben um diese Zeit sie auch verlassen zu werden anfingen, sich mit Recht übel behandelt, verletzt und entehrt fühlte, zumal er durch seine idealen Bestrebungen besonders Anspruch auf Respekt zu haben glauben mußte, ferner weil sein leicht erregbares Temperament ihm hinderlich war, die wünschenswerte Ruhe der Reflexion zu bewahren, wenn er gegenüber anderen darauf zu sprechen kam. Dazu trat dann noch die Befürchtung, durch das Nichtdemon-strieren gegen die geschaffene Sachlage bei den in solchen Dingen oberflächlich unterrichteten weiteren Kreisen Diffidenz gegen seine Person und namentlich gegen seine wissenschaftlichen Leistungen zu erwecken, mit deren Geltendmachung er es schon ohnehin schwer genug gehabt hatte. Es war also natürlich, daß, wenn die

Rede auf seine Erkrankung kam, was ihm begreiflicherweise nicht angenehm sein konnte und ihm mindestens als undelikat erscheinen mußte, er selbst zum Angriff überging und zunächst das anführte, was in dieser Angelegenheit die andern belastete. Schrieb er doch schon den Kämpfen um die Anerkennung seiner Entdeckung auch die Ursache seiner Erkrankung überhaupt zu.

Es ist bekannt, daß bei vorhandener psychopathischer Disposition das Ausbrechen von interkurrenten geistigen Erkrankungen begünstigt wird durch allerhand Schädlichkeiten, die im Laufe des Lebens auf die Betreffenden einwirken. Diese tun daher am besten, wenn sie solchen Schädlichkeiten möglichst aus dem Wege gehen, Aufregungen, unverhältnismäßige Anstrengungen u. dgl. meiden. Dies ist aber bei solchen Naturen oft besonders erschwert, insofern gerade diese häufig ungewöhnliche Anlagen, Neigungen und Leidenschaften besitzen. Mayers Naturell war nun sogar derart, daß er sich schon in der Jugend nicht von einem einmal gefaßten Vorsatze oder gesteckten Ziele abbringen ließ. Man muß nun zugeben, daß dasjenige, was Mayer in den vierziger Jahren im Streite um seine Theorie ausgehalten hatte, wohl geeignet war, einen im ungenügenden psychischen Gleichgewichte befindlichen Mann zu schädigen. Er hatte also wohl nicht so Unrecht, wenn er seinerseits jetzt die Welt anklagte und ihr die Schuld an seiner Erkrankung beimaß. Aber es blieb ihm dabei verborgen, daß auch jede andere starke von außen kommende Noxe ihn in dieser Weise hätte treffen können und daß es für ihn gewissermaßen ein Glück war, daß er zeitlebens von solchen verschont wurde. Weder hatte er je mit materiellen Sorgen zu kämpfen noch unterlag er in beträchtlichem Grade einem sonstigen üblen äußeren oder inneren Einfluß, und körperlich blieb er bis ins höhere Alter von Krankheiten unbehelligt. Man kann sagen, der Kampf um seine Entdeckung war deswegen die große und ausschlaggebende Schädlichkeit seines Lebens, weil er beinahe die einzige schwere und die nachhaltigste war, die ihn betroffen hat.

Mayer hat sich von der Mitte der fünfziger Jahre ab, also nach seinem Anstaltsaufenthalte, von der ärztlichen Praxis zurückgezogen, oder vielmehr, er hat nichts mehr getan, um sie zu erweitern (Lang in Weyrauchs Kleineren Schriften, S. 345). Nun hatte er gewiß keine Verpflichtung und keine Rechenschaft abzulegen über seine Tätigkeit, er war nicht darauf angewiesen, und sein Hauptinteresse lag in seinem speziellen physikalisch-physiologischen Ideenkreise. Auf direkte Erkundigung hierüber seitens Dührings gab er zur Antwort, er sei durch die Vorfälle in seinem Erwerbsleben geschädigt worden. Offenbar wollte er vermeiden, durch eine ausdrückliche Wiederanzeige oder ähnliches die Aufmerksamkeit mehr auf sich zu lenken, zumal er doch aus den angegebenen Gründen gemäß seiner eigenen Ansicht bei weiterer Berührung der Angelegenheit in immer neue Kämpfe gezogen zu werden befürchten mußte. Dühring sagt, er habe diese vermieden, lediglich um seine Familie zu schonen.

Lang (Weyrauch, Kleinere Schriften, ibid.), welcher Mayer während seines Aufenthaltes in Heilbronn (1864—71) selbst als Hausarzt zuzog, berichtet, daß Mayer damals seine Praxis auf seine Familie und seine Bekannten beschränkt hatte. Er erwähnt, daß Mayer auch in Zeiten von einiger Erregung vollkommen gesammelt war und sogar ruhiger zu werden schien, wenn er einen Kranken zu beraten hatte. Dies hängt damit zusammen, daß die berufliche Tätigkeit meist einen so fest und sicher eingefahrenen psychischen Komplex darstellt, daß dieser selbst, nicht absolut natürlich, aber doch bis zu einem gewissen höheren Grade als andere Tätigkeiten gegen Beeinflussungen durch pathologische Störungen gesichert ist. Lang erzählt auch, er habe einst Mayer gefragt, warum er seine Praxis nicht wieder wie früher aufnehme. Mayer habe hierauf erwidert, das könne er nicht, man habe ihn ja für einen Narren erklärt, worauf Lang bemerkte, Geisteskrankheit sei keine Schande, sondern eine Krankheit wie eine andere. Wolle Mayer übrigens ein kompetentes Urteil über sein früheres Leiden haben, so möge er sich an seinen Freund Griesinger (der damals Professor der Psychiatrie in Berlin war) wenden. Hierauf habe dann Mayer mit einer scherzhaften Wendung geantwortet und das Gespräch abgebrochen.

Ausgehend von den Vorstellungen, die sich Mayer selbst namentlich in den Zeiten wachsender neuer Erregung von dem Hergange seiner Erkrankung gebildet hatte und wie sie weiter oben näher charakterisiert sind, hat ein Teil der Autoren die Sache so aufgefaßt, als sei Mayer mit der Einweisung in die geschlossene Anstalt selbst ein Unrecht geschehen. Zunächst finden wir die Version, Mayer sei wohl nervös, aber nicht geisteskrank gewesen. Dies meint E. Dühring, wenn er sagt, die Linie zwischen

Nerven- und Geisteskrankheiten sei an sich scharf zu ziehen. Hier muß entgegnet werden, daß es sich bei Krankheitsvorgängen nicht um Paragraphen handelt, wie beim Formalwissen, sondern häufig um fließende Übergänge, und daß daher die Linie zwischen Nerven- und Geisteskrankheiten nicht immer scharf zu ziehen ist. Ebenso liegt dies mit der von Friedländer vertretenen Ansicht von den Seelenstörungen. Man kann sie nicht glatt in Geistes- und Gemütskrankheiten scheiden, das kann auch der Laie z. B. aus der Betrachtung eines gewöhnlichen Alkoholrausches entnehmen. Wenn auch für uns Menschen manche Unterschiede in den Erscheinungen sehr wichtig sind, so brauchen sie es für die Naturvorgänge doch durchaus nicht zu sein. Es ist deshalb nicht möglich, etwa für Gemüts- und Geisteskranke eigene Anstalten einzurichten.

Als unmittelbare Ursache des unfreiwilligen Anstaltsaufenthalts Mayers ist, um es nochmals zu sagen, ein Anfall manischer Erregung zu betrachten, der ihn bei seiner beabsichtigten Abreise von Göppingen auf dem Bahnhofe befiel (siehe S. 21). Ihn in diesem Zustande sich selbst zu überlassen, da man wußte, daß er sich schon durch eine Momenthandlung in die höchste Lebensgefahr gebracht hatte, aus der er nur wie durch ein Wunder gerettet worden war, mußte den Arzt mit der schwersten aller Verantwortungen belasten. Die weitere Entwicklung der Dinge war dann durch den Verlauf des ausgebrochenen Leidens vorgezeichnet, wobei dem Patienten in der ersten Zeit des Anwachsens der Psychose noch die möglichste Freiheit gewährt wurde. Als jene dann allmählich weiter fortschritt, mußte man sich auf die Anwendung der üblichen Hilfsmittel beschränken. Hierzu gehörte auch die Überweisung des chronisch werdenden Falles, der zudem infolge der früheren Beziehungen zwischen Arzt und Patient besondere Schwierigkeiten zu machen anfing, in die Staatsanstalt. Letztere ist veranlaßt durch Mayers Schwager, den Kaufmann Carl Cloß in Winnenden auf Grund des Zeugnisses der Landererschen Anstalt im Namen seiner Schwester, der Frau Mayers.

Statt diesen, wie man meinen sollte, hinreichend klaren Sachverhalt im Auge zu behalten, sucht ein Teil der Autoren nach außerhalb dieser Dinge gelegenen Veranlassungsursachen.

So heißt es bei Friedländer (l. c. S. 27): „Wer eigentlich hinter den Doktoren Zeller und Landerer gestanden hat und ihnen Mayer als geisteskrank verdächtigt hat, ist ein Rätsel geblieben. War es die Geistlichkeit? Ein neidischer Kollege? Oder gar, wie Dühring nach Mayers vertraulichen Äußerungen gegen ihn als sehr wahrscheinlich angenommen hat, die eigene Familie, d. h. diejenige seiner Frau? Man weiß es nicht."

Ostwald sagt in den „Monistischen Sonntagspredigten" (Erste Reihe, S. 83 im Abschnitt „Energie"): „Der Widerspruch seiner Umgebung ging so weit, daß er auf längere Zeit in eine Irrenanstalt untergebracht wurde, um von seinem Wahn, ein großes Naturgesetz entdeckt zu haben, geheilt zu werden."

Und Neuburger schreibt (l. c. S. 21): „Obwohl er am Ende des Jahres die durch ihre außerordentliche Klarheit ausgezeichnete Schrift: ‚Bemerkungen über das mechanische Äquivalent der Wärme' veröffentlichte, die ein Beweis scharfen Denkens und völliger Geistesklarheit ist, ließ ihn seine Familie ins Irrenhaus bringen. Was bei dieser Einsperrung alles mitgespielt hat, ist niemals ganz aufgeklärt worden. Nach verschiedenen Richtungen hin fiel der Verdacht: wo die Schuld liegt, wird sich nie entschleiern lassen." Man sieht, „Fama crescit eundo".

Wenn man diese Vermutungen der nichtsachkundigen Autoren durchmustert, sieht man leicht, daß sie sich in der Richtung bewegen, welche die Beurteilung der einschlägigen Verhältnisse bei Fernerstehenden immer noch leicht annimmt. Die Überweisung an die geschlossene Anstalt ist hiernach eine Form sich jemandes zu entledigen, oder hinter den Ärzten stehen allerhand rätselhafte Mächte, die diese mindestens düpieren, wenn letztere nicht geradezu im Einverständnis handeln. Der Aufenthalt eines geistig Erkrankten in einer geschlossenen Anstalt ferner ist nach dieser Ansicht ein Makel, der den Betroffenen immer anhaftet. Letztere kennen diese natürlich. Sie stellen daher gegen Fremde schon aus diesem Grunde leicht alles Pathologische in Abrede und damit wächst dann wieder das Mißtrauen gegen die Ärzte.

Nun ist hinlänglich bekannt, daß in den geschlossenen Privatanstalten Patienten, welche nicht freiwillig zu bleiben gewillt sind, ohne Zeugnis eines beamteten Arztes nicht festgehalten werden dürfen. Dieses Attest ist bei Mayer in Göppingen — zu einer Zeit, in der solche Heilanstalten erst im Entstehen waren — deshalb nicht erbracht worden, weil der damalige Amtsarzt Dr. Palm (s. Weyrauch, Mechanik der Wärme) zufällig gleichzeitig Mitinhaber der eben begründeten Landererschen Anstalt war. Die Ansicht aber, Geisteskrankheit sei ein Makel, ist eine lediglich in unklaren Laienköpfen spukende Rückständigkeit eines halbbarbarischen Zeitalters, die schon viel Unglück über nicht wenige bedauernswerte Geschöpfe gebracht hat aus dem Grunde, weil sie den Betreffenden ihr ohnehin öfter mühevolles weiteres Fortkommen im Leben erschwert.

Die Einweisung Mayers ist also nicht von neidischen Kollegen und Physikern ausgegangen, sondern war zunächst von der Notwendigkeit des Augenblicks veranlaßt und weiterhin von der Familie auf Grund der Beobachtung des Kranken erbeten. Nach dem, was vorgefallen war, mußte die Familie angesichts der Tatsache, daß Mayers sonstiges Befinden andauernd schlecht blieb, in beständiger Sorge um den Kranken schweben. Man kann wohl sagen, daß es ein Glück für Mayer war, daß er eine energische Frau hatte. Man frage sich, wie etwa ein zartes, empfindsames Wesen, den Fenstersturz des Gatten vor Augen, sich verhalten hätte. Ein solches wäre vielleicht schon durch den erschütternden Eindruck selbst zusammengebrochen und hätte nichts zur Pflege tun können. Man kann es der Frau Mayers nicht verargen, wenn sie sehr wünschte, daß ein derartiges Ereignis ihnen beiden ein zweites Mal erspart bleiben möchte. Und mußte sie sich nicht fragen, ob auch das, was vorgegangen war, nicht hätte vermieden werden können, wenn früher etwas Entsprechendes geschehen wäre? Wer kann sagen, wie viele von ähnlichen Unglücksfällen, von denen wir so häufig in der Zeitung lesen, hätten unterbleiben können, wenn jemand sich entschlossen hätte, vorher zum Arzt zu gehen? Mayers Frau hat nichts unterlassen, was hinsichtlich der Vorsorge für ihren Gatten angezeigt war. Sie reiste zu ihm nach Göppingen, begleitete ihn nach Kennenburg, besuchte ihn in der Anstalt, schickte die Kinder. Es ist schon erwähnt, daß die Familie in Winnenden ansässig war. Um so näher lag der Entschluß, den Kranken den Händen Zellers anzuvertrauen, der sich überall der größten Verehrung erfreute, große Reisen zu seiner Ausbildung gemacht hatte, und immer gern so menschenfreundlich und gütig war, als es seine wissenschaftliche Überzeugung und die Erfordernisse der Zeit gestatteten.

Mayer hing sehr an seiner Frau. Er wußte auch wohl, daß es für ihn gut war eine solche Frau zu haben, da er, versunken in seine Ideenkreise, für das praktische Leben wenig Sinn besaß. Diese selbst, die wie der Kammerdiener den Fürsten, ihn nicht in seiner Größe sehen konnte, hatte, ohne wohl zunächst die Tragweite der Tätigkeit ihres Gatten genauer abschätzen zu können, dennoch das richtige Gefühl, daß er etwas Außergewöhnliches anstrebte und daß er es tatsächlich leistete. Daß sie davon im täglichen Zusammenleben nicht immer ausgehen konnte, ist zu begreifen. Dafür aber, wie Ostwald vermutet, daß sie seiner wissenschaftlichen Arbeit etwas in den Weg gelegt habe, um ihn stärker zu einer gewinnbringenden Praxis anzuregen, fehlt der Beweis. In den ersten Jahren war Mayer als Arzt rührig, und nach dem Tode seines Vaters, der in die Zeit nach seiner ersten schweren Erkrankung fiel, hatte er die Praxis nicht mehr nötig.

Mayers erstaunliches und gewaltiges Temperament brachte es mit sich, daß er im Augenblicke im Gespräch leicht über das Ziel schoß. Eine große Gefühlswelle löste man nun bei ihm immer aus, wenn man auf seine Erkrankung zu sprechen kam. Ein solcher Bergstrom entfesselte sich auch, als Mayer 1877 im Sommer Dühring in Wildbad aufsuchte. Es ist gar nicht notwendig, wie Rümelin will, zu dieser Zeit das Vorhandensein einer besonderen Erregung anzunehmen, von der Rümelin ja selbst gesagt hat, daß sie in späteren Jahren mehr zurückgetreten sei. Man braucht sich Mayer nur in seiner habituellen Gefühlslage vorzustellen bei der Reproduktion der Erinnerung, die ihn mit Recht mit so viel Bitterkeit erfüllte. Kurz gesagt, Dühring setzte ihm mit Fragen immer mehr zu, schließlich lag die Situation so: Mayer stellte zuletzt eine Szene dar, wie er Dührings Frau auf seine (Mayers) Veranlassung dem Irrenhause überweisen könne, auf eine exempli causa angenommene willkürliche Voraussetzung natürlich, und zwar dergestalt, daß Dühring sagt, es sei ihm selbst die dramatische Illusion fast unheimlich geworden. Dühring fragte auch nach den Beziehungen, in denen Mayers Frau, bzw. seine Familie zu der Unterbringung gestanden habe (siehe l. c. Teil I, S. 137). Nach diesen Worten sprang Mayer vom Sopha einen Augenblick auf und sagte halb entrüstet, halb scherzend: „Die Frauen sind K.....!" Die Last eines großen Namens ist manchmal schwer; aber auch für diejenigen, die ihrem Träger nahe stehen, kann sie fühlbar werden. —

Diese durch sein Temperament geförderte Augenblicksdisposition hing ihm leider auch dort an, wo er schriftlich auf diese affekterfüllten privaten Erlebnisse zu sprechen kam. Hier verließ ihn die Objektivität, die seine wissenschaftliche Feder zierte.

Dem von den jähen Sprüngen seines Temperaments so sehr gepeinigten Manne, dem in solchen Augenblicken begreiflicherweise nicht selten eine von ihm selbst dadurch bei den andern erzeugte ähnliche Stimmungslage von der Umgebung entgegengehalten werden mochte, was ihn nur noch mehr erbittern konnte, war es, wie leicht verständlich ist, ein Labsal, wenn er mit sanften Menschen zu tun bekam. So suchte er, wie berichtet wird, in Heilbronn oft die Gattin seines Schwagers, Frau Emilie Cloß auf, welche infolge ihres feinen und zarten verwandtschaftlichen Wesens immer einen sehr wohltätigen Einfluß auf ihn ausübte, ihn das eine Mal u. a. auch mitbestimmte, nach Kennenburg zurückzukehren.

Es ist für die vorliegende Betrachtung nicht ohne Interesse, daß gerade die Anstalt Winnental, in welcher Mayer den größten Teil seiner schweren Krankheitszeit hat verbringen müssen, eine außerordentliche Bedeutung für die Entwicklung der modernen Psychiatrie gehabt hat und daß hierbei auch dem damaligen ersten Leiter derselben, Ernst Albert von Zeller, eine sehr wesentliche Rolle zugefallen ist. In Winnental wirkte von 1840 bis 1842 als Assistent und Sekundärarzt der Anstalt Wilhelm Griesinger (1817—1868), nachmals Direktor der Abteilungen für Gemüts- und Nervenkrankheiten in der Charité und Professor der Psychiatrie in Berlin. Von ihm ging erstmalig der in aller Schärfe hingestellte und begründete Satz aus, Geisteskrankheiten seien Gehirnkrankheiten und als solche zu den Nervenkrankheiten gehörig und die abnormen seelischen Erscheinungen der Psychosen seien Zeichen veränderter physiologischer Funktion der nervösen Organe, abnorme Gehirnzustände. Erst diese in aller Konsequenz und im einzelnsten durchgeführte Grundanschauung ermöglichte den Aufschwung der theoretischen Psychiatrie seit der Mitte des vorigen Jahrhunderts. Griesinger hatte sich bis 1840 nicht speziell mit Psychopathologie beschäftigt und war auf den Rat des internen Klinikers Wunderlich, an dessen Tübinger Institut er 1843 als Assistent überging, nach Winnental gelangt. Erst durch Zeller lernte er hier die Psychiatrie kennen. Freilich wuchs er mit seiner riesenhaften Anlage zur Sache alsbald über

seinen Lehrer hinaus. Schon 1845 erschien sein Lehrbuch „Über
die Pathologie und Therapie der psychischen Krankheiten".
Dennoch hat Zeller, mit dem ihn das ganze Leben hindurch
aufrichtige Freundschaft, Verehrung und Dankbarkeit verband[1]),
viel auf ihn eingewirkt. Er hat ihm die Resultate seiner längeren
Erfahrung zugänglich gemacht und durch beständige kritische
Diskussion mit ihm die epochemachenden Gedanken zweifellos
wesentlich gefördert und reifen helfen.

Ernst Albert Zeller[2]) war 1804 in Heilbronn geboren.
Reichbegabt widmete er sich, der als Knabe seiner geistig über
das gewöhnliche Maß veranlagten Mutter immer mit Spannung
und Bewegung zugehört hatte, wenn sie von den Leiden ihres in
geistiger Umnachtung früh verstorbenen Vaters erzählte, in Tübingen der Heilkunde, suchte sich aber zugleich in den verschiedensten andern Wissensgebieten zu unterrichten, von denen ihm
kein wichtigeres ganz fremd blieb. Als sich Ende der zwanziger
Jahre in Württemberg die Gründung einer neuen Heilanstalt für
Geisteskranke als erforderlich erwiesen hatte, und das frühere
Ordenshaus des Deutschen Ordens Winnental bei Winnenden für
diesen Zweck bestimmt worden war[3]), fiel die Wahl des leitenden
Arztes unter neun Bewerbern auf Zeller. Zeller arbeitete vor
Übernahme seines Amtes zunächst einige Monate an der zu dieser
Zeit in hohem Ansehen stehenden Anstalt Siegburg unter M.
Jacobi, welcher damals einer der Hauptvertreter der „somati-
schen" Schule der Psychiatrie war, und besuchte dann die be-
deutenderen Irrenanstalten Deutschlands, Englands und Frank-
reichs. Er leitete die Anstalt Winnental von ihrer Eröffnung,
1834, bis zu seinem 1877 erfolgten Tode.

Zellers hervorragende Autorität als Irrenarzt war zu seiner
Zeit unbestritten. Mehrere Male lehnte er Berufungen zu glän-
zenden Bedingungen an fremde Anstalten ab. Die Anstalt galt
immer für eine der bestgeleiteten Deutschlands und beträchtlich
war die Zahl der in Winnental aufgenommenen nichtwürttembergi-

---

[1]) Siehe hierzu C. Westphal, Nekrolog Griesingers, Archiv f.
Psych. u. Nervenkrankh. I. Bd., S. 760.

[2]) Siehe Flemming, Nekrolog Zellers. Allgem. Zeitschr. f. Psych.
Bd. XXXV.

[3]) Kreuser, Die K. Heil- und Pflegeanstalt Winnental. Fünfzigjähriger
Anstaltsbericht. Tübingen 1885.

schen und ausländischen Patienten. Von Persönlichkeit gewinnend und eindruckausübend genoß Zeller allseitig hohes Vertrauen und Verehrung, namentlich auch im engeren Kreise, und die Stadt Winnenden zeichnete ihn durch Übertragung des Ehrenbürgerrechts aus.

Sein Nachfolger im Amt (1878—1900) war sein Sohn Ernst Zeller.

Vor Griesinger war eine befriedigende systematische Sichtung der Psychosen nach ihrer Wesensart und Entstehung nicht zu leisten gewesen. Man war in der Beurteilung lediglich auf die empirische Beobachtung des Verlaufs angewiesen. Da nun auch verschiedene abnorme psychische Prozesse dennoch einander recht ähnliche Zustandsbilder liefern können, so neigte man, wenn man auch in der Erfahrung hier die feineren Unterschiede wohl bemerkte, dennoch zu einer einheitlicheren Auffassung der Geisteskrankheiten und glaubte vielfach, diese könnten in weitem Umfange ineinander übergehen.

Mayers Erkrankung, die Manie, für welche dieser schon aus der altgriechischen Medizin stammende Name zwar ebenfalls in Gebrauch war, bezeichnete man in dieser Zeit jedoch gewöhnlich in einer uns jetzt unangenehm derb klingenden, das damalige Gefühl aber offenbar nicht beleidigenden Art als „Tollheit". Ähnliche Zustände nun können verschiedene Ursachen haben, es ist aber kein Zweifel, daß Zeller Mayers Erkrankung sogleich richtig beurteilte (s. a. S. 116). Dazu war ihm diese Erkrankungsform auch wohlbekannt. Bei Gelegenheit der Darlegung seiner psychiatrischen Grundanschauungen gibt er eine eingehendere Beschreibung davon (Medizinisches Korrespondenzblatt des Württembergischen ärztlichen Vereins, 1840): Die Intelligenz sei hier oft wenig ergriffen, aber die Bildung der Vorstellungen gehe auf so beschleunigte, präzipitierte und regellose Weise vor sich, daß schon damit die Möglichkeit des freien Urteils aufgehoben werde, und es werde die Freiheit der Reflexion und alle höhere Besonnenheit unterdrückt. Die häufig nur geringe Beteiligung der Intelligenz an der psychischen Störung habe die widersinnige Lehre von der „Mania sine delirio" aufgebracht. (Letztere war von Esquirol ausgegangen, der Begriff wurde dann in der älteren Psychiatrie auf von einander sehr verschiedene Krankheitszustände angewendet und später wieder aufgegeben.)

Zeller warnt davor, in der Manie den Ausdruck einer Überkraft zu sehen an Stelle der tiefen Schwächung des Organismus, welche die Anwendung eingreifender Kurmethoden (Blutentziehungen, Hungerkuren) widerrate. Die Tollheit gewähre eine günstige Prognose, sowie sie ihren einfachen Charakter noch nicht verloren habe, namentlich noch keine Symptome des Blödsinns sich eingefunden haben. (Es ist in diesem Zusammenhange auch erwähnenswert, daß das 1844 erschienene Werk Jacobis „Über die Tobsucht" Zeller — und zugleich Christian Roller — gewidmet ist.)

Diese im ganzen günstige Sachlage veranlaßte nun auch den Arzt dem Patienten durch therapeutische Hilfsmittel aufzuhelfen. Es erschien ihm hierbei als wesentlicher Punkt des Einsetzens seiner psychotherapeutischen Bemühungen, die ihm bekannte erbliche Anlage, die er wieder richtig als eine die vollkommen günstige Prognose trübende Schädlichkeit erkannte, zu beeinflussen. Er versuchte also auf die eigentümliche Grundorganisation einzuwirken, in welcher die Keime des Leidens schon enthalten waren. Er sah in dem zähen Willen Mayers aus der gesünderen Zeit bereits die leichte Anomalie heraus, welche auch der Erkrankung einzelne auffällige Züge aufgeprägt hatte, und wenn er sagte, die Aussichten auf volle Genesung seien eben deswegen unsicher, so war dies ganz richtig, ohne daß indes der Zusammenhang in seiner vollen Ausdehnung damit umfaßt worden wäre. Aus diesem Grunde ist während des Aufenthaltes Mayers in Winnental von Zeller vermutlich versucht worden, in dieser Richtung, in welcher wir heute keine direkte Handhabe zum Eingreifen mehr suchen würden, einzuwirken. Aber damals glaubte man auch solche Anlagen mit Glück beeinflussen zu können. So rät Jacobi (Die Hauptformen der Seelenstörungen, 1844, I. Band, Die Tobsucht, 5. Abschnitt, I.: Die Bekämpfung individueller, angeborner, vererbter oder erworbener Anlagen) bei Patienten, in deren Familie schon das Vorwalten von psychopathologischen Besonderheiten festzustellen sei, „der weiteren Ausbildung dieser Störungen so viel als tunlich beschränkend und hemmend nach Maßgabe der aufgefundenen Momente entgegenzutreten". In dieser Weise wäre es zu erklären, wenn einmal eine Bemerkung Zellers gefallen sein sollte: „Wir müssen Ihnen einen andern Willen schaffen" (Weyrauch, Mechanik der Wärme, S. 308, nach Mitteilungen Meyers an Lang). Zellers Bemühungen um Mayer in dieser Beziehung sind nun von dem Patienten in der Hauptsache abweisend aufgenommen worden. Zeller sagte später einmal zu Lang, es sei ihm in seiner vierzigjährigen Praxis kein schwierigerer Kranker vorgekommen als Mayer, und Mayer wiederum gab letzterem selbst an, er habe dem Anstaltsdirektor im Beisein der Medizinalvisitation einst zugerufen: „Der einzige Narr in diesem Hause sind Sie!"

Rümelin (l. c. S. 397) hat vermutet, daß dieses wenig befriedigende Verhältnis zwischen Arzt und Pflegling vielleicht durch einen irreführenden Bericht veranlaßt worden sei, mit welchem der Kranke von Göppingen nach Winnental übergeben worden sei. Es kann damit nur der Bericht Landerers gemeint sein, welcher Rümelin vorgelegen hat. In diesem Bericht ist höchstens die eine unzutreffende Notiz zu finden, daß die Reise Mayers nach Indien eine „ziemlich planlose" gewesen sei. Es ist dies bereits oben richtiggestellt worden. Im übrigen ist nicht ersichtlich, daß sich darin etwas vorfindet, was in praktisch wesentlichen Punkten den Tatsachen nicht entspricht. Wie sehr sich Mayer aber namentlich auch in bezug auf Landerer irrte, mag man daraus entnehmen, daß es in dem Manuskriptkonzept heißt an der Stelle, da er von der beabsichtigten Erholung in Göppingen spricht (Mechanik der Wärme, S. 306): „So mochte wohl dem industriellen Arzte wenig daran liegen, auf wissenschaftliche oder auch exegetisch religiöse Fragen sich einzulassen, und da ich den Zweck meiner Reise verfehlt sah, beschloß ich abzureisen" usw. Landerer dachte aber durchaus nicht industriell, sondern hat so bald als tunlich alle Schritte vorgenommen, um den Kranken unter ausdrücklichem Hinweis auf die Mangelhaftigkeit der Einrichtungen seiner erst im Entstehen begriffenen Anstalt und auf die besonderen Schwierigkeiten der Behandlung in eine Umgebung zu verbringen, die er selbst für ihn für angemessener hielt.

In der Zeit der ersten Erkrankungen Mayers sind, wie schon mehrfach gesagt, in den Anstalten noch Zwangsmittel in Gebrauch gewesen, welche man damals noch nicht entbehren zu können vermeinte. Einige der Autoren, die über Mayer geschrieben haben, weisen nun daraufhin, er sei durch diese Zwangsmittel, welche wir schon oben (s. S. 23) näher erwähnt haben, „mißhandelt" oder „aufs roheste mißhandelt" worden (Dühring, Friedländer, Ostwald, A. Neuburger).

Wir hoffen, daß der leidenden Menschheit dereinst noch recht viele Schmerzen, denen sie heute noch ausgesetzt ist, erspart bleiben. Wenn man aber die Schmerzen, die der Arzt nach Maßgabe des epochalen Wissensstandes dem Patienten noch nicht ersparen kann, als Mißhandlung bezeichnen will, so sollte man darin konsequent sein. In diesem Sinne ist dann jede ärztliche Untersuchung und Behandlung, die Unbehagen oder Schmerzen verursacht, als „Mißhandlung" aufzufassen, jeder Eingriff, jede Zahnextraktion, die nicht mit dem neuesten Instrumentenmodell ausgeführt werden. Und wie sollte man dann die oft unvermeidlichen Verstümmelungen bezeichnen, die auch die glücklich verlaufene chirurgische Operation hinterläßt, Operationen, die früher sehr viel mehr Zeit in Anspruch nahmen und mit Hilfsmitteln ins Werk gesetzt wurden, die uns heute gleichfalls erschrecken?

Einen Fall, wie ihn die Erkrankung Mayers auf dem Höhepunkte bot, würde man heute nicht mehr festbinden, sondern man würde den Patienten jetzt unter beständiger Überwachung zu Bett legen lassen, und wenn er dort nicht bleiben will, ihn unter ebensolcher Überwachung in ein lauwarmes Bad bringen, und sollte es dann noch nötig sein, ihm ein entsprechend dosiertes Narkotikum innerlich geben oder subkutan einspritzen. Mayer selbst sagt (Brief an Rohlfs), er sei bei seiner Ankunft von Göppingen in Winnental sogleich in einen Zwangsstuhl gesetzt worden. Sollte dies damals geschehen sein, so wird es wohl so zu erklären sein, daß man mangels eines besseren sich scheute, den Patienten, der in der „Jacke" angelangt war, sogleich umhergehen zu lassen, und daß man sich zuerst darüber schlüssig machen wollte, was zu tun sei.

Die Applikation der Beschränkungsmittel, wie sie zu der damaligen Zeit noch üblich waren, ist von den berufenen Elementen immer beklagt worden, wenn auch ihre Entbehrlichkeit zunächst nicht eingesehen wurde, und man war überall froh, als man sie los war. Diesen Sachverhalt hat nun Mayer leider verkannt. Er glaubte und äußerte wiederholt nach verschiedenen Richtungen, man habe ihm dieses Ungemach ohne Not und gewissermaßen als Schimpf zugefügt. Solche Meinungen hat er zuweilen auch niedergeschrieben, wenn die physiologische empörte

Rückerinnerung und die abnorme konstitutionelle Erregung sich bei ihm übereinandersetzten. So berichtete er an H. Rohlfs, der ihn um autobiographische Notizen angegangen hatte (Deutsches Archiv für Geschichte der Medizin und medizinische Geographie, 1879) von seinem Besuche in Göppingen 1852, er sei dort als zahlbarer Narr dem Herrn Narrendirektor (Landerer) eine willkommene Beute gewesen, sei im Zwangsstuhl auf den Tod gefoltert, in der Zwangsjacke nach Winnental geschleift und dort dreizehn Monate mit allen erdenklichen somatischen und psychischen Mißhandlungen bedacht worden. Da er trotz der Anwendung aller und jeglicher Zwangsmittel noch immer nicht habe sterben wollen, so hätte man ihn am liebsten als unheilbaren Narren nach Zwiefalten abführen lassen. Zeller sei, wie er gehört habe, Pietist und solle einige verworrene Begriffe von Psychiatrie haben. Im übrigen stehe Zeller überall in hohem Ansehen usw. usw.

Daß mit einer solchen Versetzung nach Zwiefalten kein Verdikt über den Kranken ausgesprochen sein konnte, geht aus folgender Stelle hervor, die Zeller 1840 schrieb (Medizinisches Korrespondenzblatt des Württembergischen ärztlichen Vereins, X. Band, Nr. 17, S. 131):

„Wenn wir auch nicht immer mit absoluter Gewißheit über Heilbarkeit oder Unheilbarkeit eines einzelnen Falles bestimmen können, diese Frage überhaupt eine der schwierigsten in der Psychiatrie ist, so wird sie doch in den meisten Fällen mit großer Zuverlässigkeit beantwortet werden können, und gerade die nochmalige Versetzung des Kranken in ganz neue Verhältnisse, in neue Luft, zu neuem Wasser, neuen Menschen, Wohnungen und Gegenden, die Reise dahin, neue ärztliche Beobachtung und Auffassung, wenn ein Kranker vielleicht in der Heilanstalt bis auf einen gewissen Grad gebessert ist, alle Verhältnisse derselben aber ausgelernt hat und dagegen abgestumpft ist, so daß schon darum kein Weiterschreiten der Genesung erfolgt, möchten als letztes Prüfungsmittel erscheinen, ob nicht vielleicht doch noch trotz allen Anscheins des Gegenteils ein Funke von Hoffnung unter dem Aschenhaufen glimme und so manches Erfreuliche zutage fördere, was eine bloße Versetzung in ein Nachbarhaus unter denselben üblichen Verhältnissen nicht zustande bringen könnte. Statt daher die Hoffnung, die etwa noch für einen Kranken vorhanden sein könnte, für immer durch eine solche Maßregel auszulöschen, heißt dies im Gegenteil ihre Möglichkeit erneuern. Ähnliche Momente wirken hier heilsam, wie bei der ersten Versetzung des Kranken aus seinen gewohnten Verhältnissen in eine öffentliche Anstalt." Die Zweiteilung der Irrenanstalten in Württemberg in Heilanstalten und Pflegeanstalten wurde indes nur kurze Zeit beibehalten und die Landesanstalten wurden hinsichtlich ihrer therapeutischen Aufgabe später wieder völlig gleichgestellt. (Eine neue Zweiteilung der psychiatrischen Anstalten, solche in Stadtasyle und ländliche Pflegeanstalten, welche aber mehr auf administrative, technische und wissenschaftliche Arbeitsteilung basiert war, wurde nachmals von Griesinger wieder befürwortet und seitdem vielfach die Neuanlegung von Anstaltsbauten hiernach vorgenommen, s. Griesinger, Über Irrenanstalten und deren Weiterentwicklung in Deutschland, Archiv f. Psychiatrie und Nervenkrankheiten, I.)

Die Abfassung des Briefes an Rohlfs, von dem oben die Rede ist, fällt auf den 5. Dezember 1877. Zeller starb am 23. Dezember 1877, Mayer im folgenden Frühjahr.

Gewaltige Expektorationen über die ihm in Winnenden und Göppingen zuteilgewordene Behandlung bildeten, wie wir durch Mülberger wissen, auch einen häufig auftretenden Anteil seiner heftigen Ausbrüche in Kennenburg. Mülberger hat dies psychologisch zu fassen gesucht, indem er sagte, es habe nicht Mayer die Aufregung gehabt, sondern die Aufregung habe Mayer gehabt, und daß, nachdem einmal die Klagen über die Entdeckermisère gegenstandslos geworden waren, jetzt die Beschwerde über die sonst erlittene üble Behandlung folgerichtig an ihre Stelle gerückt sei und daß ferner der Kranke gewissermaßen Erleichterung darin gesucht habe, daß er wohl ein Recht habe, seiner Leidenschaft ungezügelten Lauf zu lassen. Doch ist, insofern sich diese Erscheinungen beständig mindestens hart an der Grenze des Pathologischen bewegen, eine ausschließlich psychologische Betrachtungsweise der Dinge allein hier in den Einzelheiten nicht mehr genügend.

Hätte Mayer sich begnügt, lediglich gegen das System an sachkundiger Stelle aufzutreten, wie er es tatsächlich ja ebenfalls getan hat (s. S. 61), so wäre dies gut und richtig gewesen, und er hätte sich damit ausschließlich Verdienste erworben, da er dadurch die Reste dieses Systems rascher hätte beseitigen helfen dort, wo man damit noch zögerte.

Es ist nicht zu bezweifeln, daß eine mit Hilfe der früher üblichen Beschränkungsmittel ausgeführte Disziplinierung freilich gelegentlich auch eine Art für das persönliche Verhalten des Patienten erwünschten Erfolg haben konnte. Dies liegt großenteils daran, daß es Psychopathen gibt, welche in ihren Krankheitszuständen in weiterem Umfange in einer der normalen entsprechenden Weise auf Beeinflussung reagieren können, was übrigens bei allen geordneten Kranken in gewissem, wenn auch oft nur geringem Maße der Fall zu sein pflegt; beim Gesunden, namentlich bei jüngeren Individuen, spielt ja die disziplinare Korrektion überhaupt eine große und wichtige Rolle. Die ältere Psychiatrie enthielt deshalb Zusammenstellungen zur Begründung auch solcher Maßnahmen in Verbindung mit den Behandlungszwecken, und sie wurden als zulässig erachtet. So finden sich denn auch in den älteren Winnentaler Statistiken noch ganz vereinzelt solche Fälle vermerkt. Derartige Einwirkungen müssen aber nach unserer heutigen Anschauung überhaupt von der psychiatrischen Therapie ausgeschlossen bleiben, nichtsowohl, weil man ihre Folgen niemals übersehen kann und weil sie den Kranken beleidigen können, sondern einfach weil sie unmedizinisch sind und nicht in die Heilanstalt gehören.[1])

Alles das hätte man sich damals freilich auch sagen können, und man hat es sich tatsächlich gesagt. Im Winnentaler Anstaltsbericht für die Jahre 1840—1843 schrieb Zeller bei Darlegung der neuen Fortschritte der Entwicklung der Heilanstalt: „So sind auch Zwang, Widerspruch, Einschüchterung, so notwendige Hebel sie oft sind, doch immer mehr auf einen kleinen Umfang beschränkt worden, je mehr wir die krankhafte Leidenschaftlichkeit auch in ihrer häßlichsten und furchtbarsten Gestalt als Symptome eines körperlichen Leidens erkennen lernten. Von diesem einen Punkte aus, daß alle Seelenstörungen Krankheit sind und auf körperlichen Störungen beruhen, die entfernteren Ursachen derselben mögen nun sein, welche sie wollen, und daß die verschiedensten Erscheinungsweisen derselben auch bei der

---

[1]) Siehe Verhandlungen der 21. Versammlung des Südwestdeutschen psychiatrischen Vereins (3. und 4. Nov. 1894). Allgem. Zeitschr. f. Psych. (51. Bd. 1895); Die disziplinären Maßregeln in den Irrenanstalten.

tiefsten Mitleidenschaft der Seele doch nur Symptome dieser leiblichen Veränderungen sind, muß alles Licht für die Behandlungsweise dieser Kranken ausgehen, die im allgemeinen als die unglücklichsten und von sich selbst Verlassenen auch der Hilfe und Liebe anderer am meisten bedürfen und nach der Natur des ergriffenen Organs, wie nach der ganzen leiblichen und geistigen Persönlichkeit ihre besondere Kur erfordern." Nichtsdestoweniger veranlaßte die augenscheinliche Wirkung mancher der noch üblichen Beschränkungsmittel, wo anderes im Stich ließ, dennoch wieder gelegentlich zu disziplinarer Anwendung. Dazu kam aber noch eins. Das humane Gefühl der etwas zurückliegenden Generationen war, so sentimental uns manches Formelle aus dieser Zeit auch heute anmutet, ganz gewiß nicht so entwickelt, als es jetzt der Fall ist, wenngleich es schon erheblich höher stand als das der vorangegangenen. Es sei zur Illustrierung z. B. hier nur daran erinnert, daß noch vor wenig mehr als hundert Jahren mit dem Rade hingerichtet wurde, und daß zu diesem Schauspiel sogar Frauen, die auf Bildung Anspruch machten, sich gute Plätze sicherten, Frühstück mitnahmen, ihre Kinder hinschickten u. dgl. m.[1]). Man hielt in dieser Weise das minutiöse Sichfernhalten von der Ausübung eines schärferen Drucks gemeinhin für das, was man auch heute vielen unserer analogen neueren Bestrebungen gegenüber als „Humanitätsdusel" bezeichnet. Man glaubte, dies sei etwas sehr Bedenkliches[2]). So beurteilte man es auch als eine sehr große Gefahr, als den Geisteskranken die Ketten abgenommen wurden, was es infolge der vorangegangenen verkehrten Behandlung auch anfänglich wirklich in erhöhtem Maße gewesen ist. Noch der hochverdiente Griesinger erklärte deshalb in der ersten Auflage seines Lehrbuchs der Psychiatrie (1845) den Verzicht auf die mechanischen Beschränkungsmittel, und zwar nicht nur zum direkten Schutze des Kranken und seiner Umgebung, sondern auch als disziplinares Mittel für undurchführbar, wobei er allerdings die ehrverletzenden Maßnahmen und alle die schreckhaften Apparate, die kurz nach der Befreiung der Kranken von den Ketten als Surrogate erfunden worden waren,

---

[1]) Carl von Holtei, Vierzig Jahre, 1859, I. Bd.

[2]) s. z. B. Theodor Plagge, Ist die Verbannung des physischen Restraints als schädliche Übertreibung humaner Ideen zu bezeichnen? Memorabilien 1860, 9. Lieferung.

die Schaukeln, Drehstühle, Schränke u. dgl. ausschloß und nur
die Zwangsjacke und den Zwangsstuhl zuließ, und er wies dabei
auf die Unzuträglichkeiten hin, die die erstmalig im Hanwell
Asylum von Conolly 1839 eingeführte Abstellung aller Koerzitiv-
maßregeln mit sich brachte, selbstverständlich nur so lange,
als die Einrichtungen den neuen Verhältnissen noch nicht an-
gepaßt waren. Erst nach diesem Zeitpunkte trat zutage, daß
der Geisteskranke, wie er nach Befreiung von den Ketten sich als
ein anderer und friedlicherer gezeigt hatte, jetzt auch nach der
Einführung der freien Behandlung sich wiederum als lenksamer
und zugänglicher erwies, als er zuvor gewesen war.

Noch Jacobi (siehe l. c., S. 802) erklärt es für eine Ungereimt-
heit, wenn z. B. „eine für den Kranken selbst und für seine Leidens-
genossen leicht erkaufte Wohltat, wie die relative Ruhe des
Kranken nach einer einmaligen sechs- bis achtstündigen Be-
festigung auf dem Zwangsstuhl oder durch Anwendung eines
kalten Regenbades der einseitigen Beobachtung einer ohne die
erforderliche Umsicht angenommenen, allgemeinen Maxime ge-
opfert werden soll“. Es sei hinlänglich bekannt, daß keine öffentliche Anstalt ein Wärterpersonal aufzutreiben vermöge, welches
so zahlreich und seinen Kräften nach selbst bei vorausgesetzter
Willfährigkeit imstande wäre, einen solchen Tag und Nacht an-
haltenden Dienst (gemeint ist das No-restraint) bei einer größeren
Anzahl von Kranken zu versehen.

So glaubte man denn aus dieser allgemeinen Auffassung der
Umwelt heraus, daß es auch eine Gefahr für den gesamten Betrieb
der Anstalt sei, wenn man den Kranken das prinzipielle Remon-
strieren gestatte und sich von ihnen „imponieren lasse“. Aber
das No-restraint lehrte später, daß dies im einzelnen Falle für die
Anstaltsordnung ganz belanglos bleibt, und daß die anderen geordneten und genügend intelligenten Kranken gewöhnlich zu sehr
mit sich selbst beschäftigt sind und sich gegenseitig zu gut kriti-
sieren, als daß ein solches Beispiel merklich um sich greifen könnte,
und daß eigentlich nur die kriminellen Elemente (in harmloserer,
mehr theatralischer Weise allenfalls auch manche Hysteriker)
konspirieren, weswegen erstere Naturen entweder miteinander in
besonderen gefängnisähnlichen, „festen“ Abteilungen oder wenigstens getrennt voneinander untergebracht oder überhaupt ab-
gesondert werden müssen. Sobald diese Erfahrungen einmal ge-

klärt waren, war es in Deutschland wieder Griesinger, der mit in erster Linie ihnen allgemeine Geltung zu verschaffen strebte und der Vorkämpfer auch der neuen therapeutischen Ära wurde.

Nachdem bei uns L. Meyer 1862 in Göttingen den Anfang gemacht hatte, erprobte Griesinger das System der freien Behandlung praktisch zuerst an einer kleinen, als Adnex seiner internen Klinik in Zürich dienenden Irrenabteilung, und als er 1865 als Professor der Psychiatrie nach Berlin berufen wurde, verschwanden in der Charité die Zwangsjacken und die Zwangsstühle wurden in gewöhnliche Lehnsessel umgewandelt. Die Grundzüge des neuen Regimes hat Griesinger 1868 in dem ersten Bande des von ihm begründeten „Archivs für Psychiatrie und Nervenkrankheiten" in den Aufsätzen „Über Irrenanstalten und deren Weiterentwicklung in Deutschland" und „Die freie Behandlung" niedergelegt.

Immer im Zusammenhange mit den an anderer Stelle berührten Gesichtspunkten muß aber bezüglich des uns hier beschäftigenden Gegenstandes festgehalten werden, daß diese Entwicklung der Dinge wesentlich unterstützt wurde durch die neuen Erkenntnisse über das Wesen des Irreseins und durch die neuen medikamentösen und sonstigen therapeutischen Hilfsmittel, sowie durch sachkundigere Heranbildung eines geschickten und geeigneten Personals, ferner daß die um die Mitte des 19. Jahrhunderts noch gebräuchlichen Koerzitivmaßnahmen auch gleichzeitig dem Schutze des Kranken und seiner Umgebung dienen sollten, und daß speziell bei Mayers Anstaltsaufenthalt keine anderen Beschränkungsmittel als diese in Anwendung kamen, und schließlich, daß auch die damaligen Psychiater das erste und höchste therapeutische Prinzip in einer vollkommen humanen Krankenbehandlung erblickten, welche ihnen jedoch auf Grund von Zeitvorurteilen, von ungenügender Erfahrung, von unvollständigen wissenschaftlichen Erkenntnissen und von noch zu wenig verfeinertem psychiatrischen Fühlen lange als noch nicht erreichbares Ideal vorschwebte.

„Jede Psychiatrie ist unwahr und lückenhaft, geist- und seelenlos", schrieb Zeller 1848 (Medizinisches Korrespondenzblatt des Württembergischen ärztlichen Vereins, Bd. 18, Nr. 2), „die aus der Menschennatur Geist und Gemüt, diese höchsten und immateriellen, mit keiner anderen Kraft und Erscheinung vergleichbaren Faktoren ausschließt, so gewiß als die, welche den größeren spontanen und physikalischen Anteil des Gehirns an den geistigen Prozessen oder die große sensorielle und ökonomische Bedeutung des übrigen Organismus für die Energie des Seelenorgans übersieht. Der Vorwurf der Geheimlehre, welcher der Psychiatrie noch immer von manchen Seiten gemacht wird, kann sich deshalb auch nur darauf beziehen, daß, um in das Geheimnis einer kranken Seele einzudringen und eine leitende vernünftige Gewalt über sie zu bekommen, das schlechthin abstrakte wissenschaftliche Interesse nicht ausreicht, und eine Hingabe der eigenen Persönlichkeit erfordert wird, wie sie nur aus dem tiefsten Mitleiden mit diesen Unglücklichen hervorgehen kann." „Nur wer ihr Herz gewinnt," rief er 1854 aus (ebenda Bd. 24, Nr. 39), „kann hoffen, ihren Verstand zu gewinnen."

Auf die medikamentöse Therapie, soweit sie den psychischen Zustand der Kranken beeinflussen sollte, wurde in Winnental damals mit Recht wenig Wert gelegt. Das hauptsächliche Narkotikum, das in Gebrauch war, das Opium, wirkt, wie auch sonst, ebenso bei Geisteskranken zu verschiedenartig. Am besten wirkt es bei melancholischen Zuständen, bei manischen leistet es in den gewöhnlichen Dosen nichts Besonderes. (Das erste überhaupt allgemeiner brauchbare Narkotikum war das 1869 bekannt gewordene Chloralhydrat.) So sagt denn auch Zeller, nachdem er über die mangelhafte Wirksamkeit der Opiate bei Schlaflosigkeit gesprochen hat, weiter (l. c. Bd. 24, S. 307): „Noch nie ist es uns gelungen, in solchen, so wenig als in anderen Zuständen unserer Kranken von Hyoszyamus, Belladonna, Conium maculatum und Strammonium irgendeine wesentlich heilsame Wirkung zu beobachten." Zeller gab in solchen Fällen öfter Suggestivmittel.

Von Medikamenten wurden Mayer nur indifferente verabreicht, Elixir acidum, Schnupfpulver u. dgl.

Bei Mayer wurden auch Blutentziehungen vorgenommen, für welche dieser sehr eingenommen war und deren reichlicher Anwendung er einst seine Entdeckung mitverdankt hatte. Blutentziehungen werden jetzt, sowohl bei allgemein körperlichen als bei Geisteskrankheiten, nur noch vereinzelt auf besondere Veranlassung hin, nicht mehr als allgemein übliches Heil- oder Hilfsmittel verwendet. Auch Zeller war kein Freund des Aderlasses.

Von einigen Autoren ist angegeben worden, Mayer sei so von Kräften gekommen in seiner Erkrankung, daß er in Lebensgefahr geschwebt habe. (Bezüglich seiner Diät und des Ernährungszustandes in Göppingen vgl. S. 72, Fußnote). Für Winnental findet sich in den Berichten vom Dezember 1852 bemerkt „blühende Ernährung". Es ist aber wohl möglich, daß dann in den folgenden ungünstigen Monaten bis zum Frühjahr 1853 der Kräftezustand stärker nachgelassen hat, denn dies ist bei langandauernden Erregungszuständen ziemlich häufig der Fall.

Die physikalischen Hilfsmittel bestanden in lauwarmen, ganz zuletzt in kalten Bädern mit milden, kühlen Duschen. Zeller perhorreszierte bereits die Kopfdusche gegenüber den damals noch nicht lange überwundenen reichlichen Güssen auf den Kopf. Heute erhalten die Manischen wie überhaupt alle Geisteskranken ausschließlich lauwarme Bäder und auch von den milden Duschen ist man in der Therapie zurückgekommen.

In Mayers Leben ist religiösen Überzeugungen und religiösen Bedenken häufig eine wichtige Rolle zugefallen. Dieser Zug ist so ausgesprochen gewesen, daß er wiederholt nach außen Anlaß zu Bemerkungen gegeben hat, und man hat ihn auch in Verbindung gebracht mit seiner wechselnden psychischen Gesundheit.

Die Biographie spricht nirgends davon, daß Mayers Erziehung eine besonders religiöse Basis gehabt hat. Mayers Zensur in Religion auf der Schöntaler Schule war allerdings meist „ziemlich gut", was aber wohl nicht viel besagen will. Auch der Umstand, daß Mayer zeitlebens gern und viel aus der Bibel zitierte, fällt wenig ins Gewicht, denn Leichtigkeit und Geschick im Zitieren war ihm überhaupt eigen, auch in Ansehung anderer Quellen. Immerhin ist aber die Neigung zum Bibelzitieren bei Mayer recht stark ausgesprochen gewesen und deshalb wohl nicht ganz belanglos, und Rümelin sagt, Mayer sei bei trefflichem Gedächtnis bibelfester als viele Theologen gewesen. Vielleicht war auch der Aufenthalt auf dem Schöntaler Seminar, woselbst viele künftige Theologen herangebildet wurden, nicht ganz ohne Einfluß. Jedenfalls ist aber von besonderen Anzeichen religiöser Devotion Mayers in der Jugend nichts bekannt.

Weyrauch sagt, aus den Briefen, die er an seine Eltern und Tanten schrieb, als er vor der Ausreise einige Zeit mit dem

Kauffahrteischiff in Holland vor Anker liegen mußte, lasse sich neben tief religiösem Sinn auch auffallende Frömmigkeit ersehen. Das ist richtig, aber wenn man diese Briefe liest, so erhält man den Eindruck, daß sie auch sonst in anderer Beziehung auf einen sentimentalen, etwas überschwänglichen Ton gestimmt sind, wozu wohl das jugendliche Alter, die besonderen Formen der Zeit, der Respekt vor den älteren Angehörigen und die Unsicherheit der Zukunft mancherlei beitragen mochten. Doch ist die religiöse Regung unverkennbar. Über das Eintreffen seiner Bücher an Bord, worunter auch ein Schriftchen von David Strauß, das ihm der Bruder gesandt hatte, berichtete er nach Hause: „Triumphierend hielt ich die Bibel und das Gesangbuch in die Höhe, nach denen ich mich am meisten sehnte und die mir alle Tage süße Stunden bereiten." Er ist auch in seiner Devotion nicht immer sorgsam in seinen Wendungen über das Erhabene, z. B. dort, wo er davon spricht, wie sehr er die Güte Gottes preise, da er von der Seekrankheit verschont geblieben sei, vor welcher er große autosuggestive Besorgnis gehabt habe.

Auch Rümelin und Weyrauch sind darüber einig, daß er in seinen Universitätsjahren die leicht verständlichen oder leicht mißverständlichen gelegentlichen Äußerungen „materialistisch" angehauchter Studiengenossen immer gemißbilligt und nie geteilt hat. Wir haben also hier gewissermaßen eine Art Anlage vor uns. Es ist wohl selbstverständlich, daß diese an sich nichts Abnormes oder Pathologisches darstellt.

Mit dieser Anlage war auch ein ethisches Fühlen verbunden, das in Einzelheiten zweifellos verfeinert war. Rümelin bezeichnet ihn als eine „anima candida", als grundehrlich, grade, mit großer Achtung vor fremden Vorzügen und Leistungen und ganz und gar harmlos, voll Schonung und friedfertig, wenn auch leicht erregbar und empfindlich.

In seiner Korrespondenz mit Lang legt er, als er ihm den Tod seiner Mutter anzeigt (1844), folgendes Bekenntnis ab: „Die feste, auf wissenschaftliches Bewußtsein gegründete, von jedem Offenbarungsglauben gereinigte Überzeugung von der persönlichen Fortdauer der Seele und von einer höheren Lenkung des menschlichen Schicksals war mir der kräftigste Trost, als ich die kalte Hand meiner sterbenden Mutter in der meinigen hielt."

Mayer vertrat damit eine freie, aber gleichwohl gläubige Richtung. Der Theologe Rümelin sagt von ihm, er habe kein eigentlich dogmatisches Interesse besessen, viel eher eine „sehr subjektive Theologie, über die er ohne theologisch-wissenschaftliche Grundlage dennoch sehr geistreich reden konnte, wobei er gelegentlich in Seltsamkeiten oder selbst Schrullen verfiel". Sein lebhaftes religiöses Fühlen führte ihn jedoch auch aus inneren Gründen, besonders in ungünstigen Zeiten, häufig zu den Geistlichen als Seelsorgern. Großes Vertrauen und große Anhänglichkeit zeigte er namentlich für seinen Schöntaler Schulkameraden Lang. Als er die schmerzende Kränkung durch die unberufene Kritik erlitten hatte, ohne etwas dagegen tun zu können, und gleichzeitig das neu einsetzende Leiden seine Schatten schon vorauswarf, wandte er sich deshalb an diesen und bat ihn ihm Predigten zu senden.

Die besonderen religiösen Bedenken, mit welchen Mayer sich plagte, sind in der Hauptsache von zweierlei Art gewesen. Die eine schrieb sich von der Natur seiner Forschertätigkeit her, welche in gewissem Sinne mit seiner stark entwickelten religiösen Anlage zu kollidieren schien, die zweite ist psychopathologischen Ursprungs und findet sich ausgesprochen nur zur Zeit seiner Krankheit vor.

Die erste Gruppe fällt zusammen mit seiner Abneigung gegen oder seiner Furcht vor dem „Materialismus". Gemäß seiner eben berührten Anschauung perhorreszierte er schon in den Studienjahren diejenige Denkweise, welche in dem Weltwesen lediglich ein Spiel der Materien und Kräfte erblickt, just jene, von welcher ausgehend aber die Naturwissenschaften im letzten Jahrhundert so große Erfolge erreicht hatten. Nun hatte er, in diesem Zusammenhange gesehen, gewissermaßen noch das Unglück gehabt, die Konsequenz dieser Denkweise selbst durch den Nachweis einer außerordentlichen und bis dahin ungeahnten Gesetzmäßigkeit, der Äquivalenz der Wärme und Bewegung in der Natur, zu stützen. Er meinte nun jetzt um so mehr verpflichtet zu sein, die metaphysische Art zu denken, die ihm seiner Anlage entsprechend mit der religiösen identisch war, gegen die „materialistische" in Schutz nehmen zu müssen, welche er für verderblich hielt. Bei der Überreichung seiner drei kleinen populären Vorträge an den Stadtpfarrer Schmidt in Friedrichshafen schrieb er diesem: „Der antimaterialistische Standpunkt, auf dem ich mich einmal befinde und den ich nach Matthäi 10, 32 nie verleugnen werde, ist natürlich auch hier festzuhalten."

Hiermit verfiel er aber in den Irrtum, daß er den „Materialismus als Forschungsmethode" mit dem „Materialismus als philosophischem System" verwechselte, etwas sehr Merkwürdiges, wenn man daran denkt, daß er sich sonst nicht leicht durch bloße Worte einfangen ließ, und daß er einst Griesinger die lehrreichsten Auseinandersetzungen über das letztere Thema hatte zuteil werden lassen, indem er ihm erklärte, was Ursache und Wirkung sei. Der Materialismus als Grundanschauung kann freilich einen mehr oder minder ausgesprochenen ethischen Defektzustand einschließen. Auf dem Materialismus als Forschungsmethode beruht die Art unseres naturwissenschaftlichen Denkens. Letztere ist eine theoretische und läßt sich weder konsequent noch direkt in die Psychologie des menschlichen Zusammenlebens hineinversetzen. Sie führt, vollständig erfaßt, auch ganz und gar nicht zum „Materialismus als Grund- oder Lebensanschauung", sondern davon hinweg (P. J. Möbius, „Die drei Wege des Denkens" in „Im Grenzlande", F. A. Lange, Geschichte des Materialismus). Wer allerdings, wie dies leider nicht selten ist, hier in den Anfängen des Denkens stecken bleibt, dem erscheint sie leicht als die einzig mögliche und richtige Denkweise überhaupt. Mayer, dem mit seinem geläuterten physikalischen Verständnisse klar geworden war, wie absurd es ist, sich das Psychische aus Materiellem und Physikalischem entstanden vorzustellen, und der es einleuchtender fand, daß jenem eben die Außenwelt als Kraft und Stoff erscheint, hätte sich dabei, daß hier sein Satz „ex nihilo nihil fit" eine Einschränkung erleiden könne, beruhigen können. Er vergaß aber, daß die Meisten gar kein Verlangen tragen, ihren Vorstellungsbereich über das Nächstliegende auszugestalten, und er hielt sich für verpflichtet, solche Fragen zu berücksichtigen, wobei ihm dann nur ein Gebiet zu betreten übrig blieb, in dem es ihm nur rein gefühlsmäßig sich zu orientieren möglich war, und welches im menschlichen Zusammenleben berufsmäßig von anderen Kulturorganen bebaut wird. Es ist gewiß schön und tief gedacht, wenn er an Lang schreibt, seines Erachtens verhielten sich die naturwissenschaftlichen Wahrheiten zur christlichen Religion oder zum Christentum etwa wie die Bäche und Flüsse zum Weltmeer, aber er hätte dieses Bild weiter verfolgen können und sich sagen müssen, daß die Leute ihren Tagesbedarf sehr oft nicht aus dem Weltmeer schöpfen können, und daß dazu die kleinen Wasserläufe geeigneter sind. So fehlte ihm denn das Bewußtsein, daß jedesmal, wenn er aus seinem engeren Fachgebiete heraus, in seiner Art zu sehen, zu metaphysischen Fragen überging, dieser Schritt von dem ihm zuständigen Publikum (den Vortrag über Erdbeben 1871 in Neckarsulm hatte er vor einer Korona von Geistlichen gehalten) als etwas Befremdendes empfunden werden mußte. Man hätte gewiß auch bei anderer Gelegenheit nicht das geringste auffällige an diesem Thema selbst gefunden, aber man sah nicht recht, wie er dazu kam, sich teilweise ziemlich unvermittelt auf einen den meisten eben im Augenblick ziemlich fernliegenden Boden zu stellen, dessen eigentliche Inhaber ihm zudem doch nur eine „sehr subjektive", „in ihren Umrissen mannigfaltig wechselnde" Kenntnis daselbst zusprachen. Hat Mayer doch selbst Moleschott bei Gelegenheit seines Dankschreibens für die Aufnahme in die Turiner Akademie auf die Wendung desselben, daß beide auf supranaturalem Gebiet nicht in allen Punkten harmonierten, antworten müssen, daß er in dieser Hinsicht trotz seiner dreiundfünfzig Jahre mit sich selbst nicht einmal ganz ins reine hätte kommen können. Daß dies übrigens der Natur der Sache nach etwa unmöglich gewesen wäre, ist nicht der Fall, denn weitreichende Gläubigkeit in religiösen Dingen findet sich sowohl im Verein mit tiefer physikalischer wissenschaftlicher Kritik, wie man an Gustav Theodor Fechner hat sehen können, vor, als auch bei gleichzeitig völliger Ausschaltung aller wissenschaftlichen Gesichtspunkte und trotzdem vorhandenen enormen physikalischen Fachkenntnissen, wie Faraday gezeigt hat, der zeitlebens ein glaubenseifriger Sektierer war.

Es ist leicht möglich, daß Mayer in einer unschwer verständlichen besonderen Einstellung seines Blickes auf seine eigene Entdeckung die Bedeutung ihrer Wirkung für den Menschengeist überschätzt hat. Die Auffindung des mechanischen Wärmeäquivalents und des sich anschließenden Prinzips der Erhaltung der Energie ist nun gewiß geeignet, die Folgerichtigkeit des mechanisch-materialistischen Denkens in ein gutes Licht zu setzen, aber diese Enthüllungen sind gleichwohl lange nicht so einschneidend für die

Allgemeinheit, als es z. B. für eine schlecht vorbereitete und noch viel weniger unterrichtete Zeit die Proklamierung des kopernikanischen Weltsystems gewesen ist, derentwegen noch Galilei so viele Ungelegenheiten hatte. Auch ist der Mayersche Satz für weitere Kreise viel weniger leicht verständlich und wirft keine alten eingewurzelten affektbetonten andersartigen Vorstellungen um, berührt also die Menschen in ihren inneren Interessen nicht.

Die Beschäftigung mit den Beziehungen zwischen Glauben und Wissen und ihre interessevolle Betrachtung aus Temperament und unbewußter Willensrichtung heraus hatte trotz des Verfallens in mancherlei Mißgriffe dennoch zur Folge, daß Mayer manche Erkenntnis darüber zuteil wurde, die, wenn er sich hätte entschließen können, sie kritisch zu verfolgen und zu sichten, leicht hätte ersprießlich werden können. Wie treffend ist zum Beispiel der Ausspruch, den er bei Gelegenheit seines Aufsatzes über „Temporäre Fixsterne" im „Ausland" einflocht, als er sich gegen den Einwand der Phantasterei verwahren wollte, daß es immer leichter sei, den Aberglauben mit Gründen zu bekämpfen, als ihn in der eigenen Brust auszurotten, und daß es oft schwierig sei, den Wahn zu bekämpfen, ohne den Glauben zu verletzen. Da er aber zuletzt bei allen solchen Reflexionen immer auf eine ausschließlich religiöse Betrachtungsweise der Dinge zurückzukommen liebte, so blieben jene für ihn ergebnislos und halfen ihm wenig aus den Zweifeln heraus.

Mayer hätte sich vermutlich solche innere Kämpfe erleichtern können, wenn er seine Abneigung gegen die Geisteswissenschaften überwunden hätte. Er besaß aber einen großen Widerwillen besonders gegen alles, was philosophischen Anstrich hatte. Als Rümelin ihm 1841 einmal auf seinen Wunsch Hegels Logik und seine Naturphilosophie lieh, brachte er beides nach wenigen Tagen zurück mit der temperamentvollen Bemerkung, daß er keine Silbe davon verstanden habe und nichts verstehen würde, auch wenn er hundert Jahre alt würde. Er empfand in diesen Denkstoffen offenbar nur das gegenüber seiner hauptsächlichen Anlage Fremdartige und übersah in dieser Aversion, daß gerade er daraus einen besonders großen Nutzen hätte ziehen können. Schließlich aber erkannte er, daß, mit Fechner zu reden, kein Weg, auf dem sich der Wahrheit mächtig werden läßt, den anderen einseitig meistern wollen solle, und da er glaubte, dies mit seiner Forschung getan zu haben, so hielt er sich verpflichtet, hier wieder nach Kräften abzuhelfen, wobei er indes nicht daran dachte, daß sich alles dies im Zusammenwirken der Menschenwelt von selbst ausgleichen müsse, und daß dem einzelnen immer nur etwas, nicht aber alles zu tun obliegen kann. Doch ist vielleicht gerade dieser Zug im Wesen des genialen Menschen tief begründet.

Es ist begreiflich, daß der große biologische Grundgedanke, das Evolutionsprinzip, das zu Mayers Zeit heraufkam, in unserem Forscher keine günstige Disposition für seine Aufnahme und Würdigung vorfand. Mayer hielt die Lehre für „materialistisch". Damit war sie für ihn erledigt. Als der Stadtpfarrer Schmidt ihm seine Schrift „Die Darwinsche Theorie und ihre Stellung zur Philosophie, Religion und Moral" zusandte, antwortete er ihm (22. Dezember 1874), er habe sie mit großem Interesse gelesen und freue sich sehr, einen so tüchtigen Mann gegen die moderne Irrlehre auftreten zu sehen. „Was ich von meinem Standpunkte aus gegen Darwin vor allem einzuwenden habe," heißt es in dem Briefe weiter, „ist das: vor unseren Augen entstehen fortwährend unzählig viele neue, pflanzliche und tierische Individuen durch Zeugung und Befruchtung. Wie dieses aber zugeht, dieses ist dem Physiologen ein völlig unbegreifliches Rätsel und unergründliches Geheimnis, wo so recht der berühmte Spruch Hallers seine Anwendung findet: „ins Innere der Natur" usw. So wir nun genötigt sind, in diesen ganz naheliegenden und gegenwärtigen Dingen unsere völlige Unwissenheit einzugestehen, will uns auf einmal der gute Darwin wie ein zweiter Herrgott ganz gründliche Auskunft darüber erteilen, wie die Organismen überhaupt auf unserem Planeten entstanden sind! Dies geht aber nach meiner Ansicht so lächerlich weit über das Menschenmögliche hinaus, daß ich hier den Paulinischen Spruch anwenden möchte: „Da sie sich für weise hielten" usw. Gewiß sind aber die Darwinianer eifrige Kämpen, und die Sache hat ohne Zweifel nur deshalb so viele Anhänger in Deutschland, weil sich daraus Kapital für den Atheismus machen läßt" (sic).

In seinem Vortrag über die Ernährung (3. April 1871) in Heilbronn schloß er mit dem Hinweise darauf, daß das Nahrungsbedürfnis neuerdings unter der Benennung „Der Kampf ums

Dasein" zum Prinzip erhoben worden sei. Man sei dadurch offenbar zu einer einseitigen Konsequenz gelangt. Nicht der Hunger, sondern die Liebe sei es, was die Welt erhalte. Es war ihm also offenbar in diesem Moment nicht gegenwärtig, daß Darwin dieses Gebiet in seinem Werke über das Selektionsproblem bereits betreten hatte.

An der Diskussion über den Darwinismus beteiligte er sich gleichwohl nicht. Gegen die Vertreter der Lehre hatte er persönlich nichts. In einer Rezension in den „Memorabilien", 1877, rühmte er bei Gelegenheit des Erscheinens der ersten Lieferung der Zeitschrift „Kosmos" den Scharfsinn und den Fleiß der Herausgeber und Mitarbeiter und empfiehlt sie aus diesen Gründen den Lesern, sagt aber ausdrücklich, daß er selbst kein Anhänger Darwins sei.

Es sei an dieser Stelle kurz eingeschaltet, daß der bei Mayer aus nosologischen Gründen denkbare Schluß auf ein Nachlassen der Intelligenz in späteren Jahren, wie er angesichts dieses Sachverhalts angezogen werden könnte, sehr oberflächlich wäre. Auch hervorragende andere Gelehrte seiner Zeit sind zeitlebens Gegner Darwins gewesen, wie z. B. auch Rudolf Virchow. Außerdem lehrt die Geschichte des Genies, daß hervorragende Geister nicht selten gegen die neuen Wahrheiten, die zu ihrer Zeit gebracht werden, aber von anderer Seite ausgehen, feindselig oder refraktär gewesen sind.

Auf die zweite Gattung religiöser Bedenken, unter denen Mayer litt, ist bereits bei Gelegenheit der Darlegung der Krankheitsgeschichte näher eingegangen worden. Diese Skrupel sind pathologischer Art. Wir begegnen ihnen bei Mayer nur dann in ausgedehnterem Maße, wenn er sich in einer Krankheitsperiode befand. Man muß dies indes nicht so auffassen, als wenn die entsprechenden Vorstellungen von vornherein schlechtweg psychopathologische Objekte gewesen wären, es bestand vielmehr ein gewisser normaler assoziativer Kern, der aber vornehmlich durch die infolge der psychischen Anomalie sich einstellende extreme affektive Färbung ein pathologisches Gepräge erhielt. Wenn Mayer schreibt (S. 18), „es ist möglich, daß das Ausbleiben jedweder Anerkennung, auf die ich vorschnell gerechnet hatte, das Seinige dazu beigetragen hat, meinen Eifer für die Wissenschaft zeitweise abzukühlen", so geht aus diesem vorsichtig und überlegt abgefaßten Satze zunächst hervor, daß er auf baldige Anerkennung mit einer gewissen Ungeduld gewartet haben mußte. Nun ist aber gerade bei Mayer aus seiner ganzen unmittelbar aus einem gewissen inneren Drange entstandenen Forscherarbeit klar ersichtlich, daß er ursprünglich jedenfalls nicht vom Ehrgeiz getrieben wurde, sondern daß hier erst der Appetit während des Essens gekommen war, d. h. daß die Sache psychologisch betrachtet mit rechten Dingen zuging. Daß ein gewisser Wunsch nach Anerkennung auch bei starken geistigen Arbeitern häufig ist und daß dabei nichts Außergewöhnliches gefunden wird, beweist zur Genüge die Einrichtung der begehrten wissenschaftlichen Preise und Auszeichnungen. Aber es handelte sich bei Mayer gar nicht allein um das Ausbleiben der gehofften Anerkennung, sondern auch um die unwürdige Behandlung, die ihm zuteil geworden war. Er sah jetzt, was er vorher nicht geahnt haben mochte, daß solche Wege, wie er sie mit seiner Forschung eingeschlagen hatte, nicht nur nicht zur Anerkennung zu führen brauchen, sondern sogar sehr dornenvoll sein können. Nachdem er diese Erfahrung gemacht hatte, hätte man von ihm erwarten können, daß er sich, wenn er keine andere Möglichkeit sich zur Geltung zu bringen gefunden hätte, bei stillem sorgsamen Weiterarbeiten zunächst resigniert hätte. Mayers empfindliches und leidenschaftliches Naturell konnte aber die erlittene Kränkung schon in gesunden Tagen nicht verwinden, und ebenso mag ihn also in erhöhtem Maße das Ausbleiben der ihm gebührenden Achtungsbezeugungen betroffen haben.

Und dies mußte sich noch steigern, als das beginnende psychische Leiden die Erregbarkeit noch erhöht hatte. Gleichzeitig trat aber auch sein seit jeher lebhaftes religiöses Gefühl stärker hervor, wodurch wieder das Kriterium der Sündhaftigkeit in erreichbare Nähe gerückt war, und als dann die depressive Phase einsetzte, bildete sich die störende Vorstellungsgruppe zum Kern der Versündigungsidee um (Manuskriptkonzept Weyrauchs s. o.): „Es lebte in mir ein Verlangen nach Anerkennung, und so sehr ich auch ein solches Gefühl als sündhaften Hochmut niederzukämpfen bemüht sein mochte, so ging es doch eben über meine Kräfte, mein wissenschaftliches Bewußtsein in mir zu unterdrücken und die systematische Opposition, die man allenthalben meinen, wie sich inzwischen herausgestellt hat, völlig begründeten Behauptungen entgegengesetzt hat, mußte eine Tag für Tag steigende Bitterkeit in mir hervorrufen." Hierzu ist zu sagen, daß Mayer hier zwei Dinge in Verbindung bringt, die nichts miteinander zu tun haben, das Verlangen nach Anerkennung niederkämpfen und das wissenschaftliche Bewußtsein unterdrücken sind verschiedene Sachen. Aber das Verlangen nach gebührender Anerkennung ist kein sündhafter Hochmut, sondern es ist einfach menschlich und es ist wohlberechtigt. Bleibt diese Anerkennung aus, so ist dies freilich betrübend und für die anderen schlimm genug, aber wenn sich jemand diese getäuschte Erwartung als Schuld anrechnet, so ist das verkehrt und etwas Pathologisches. „Die siebente Predigt von A......", schrieb Mayer weiter darüber an Lang (2. Dezember 1851), „die mein inneres Leben ganz genau schildert, gibt mir darüber Auskunft und lehrt mich meine Lieblingssünde kennen, und diese muß ich nach dem vor dem Altar gemachten Versprechen vor allem bekämpfen; es ist der Mangel an Demut. Nun ich den Glauben habe, habe ich, wie ich meine, so ziemlich den demütigen Sinn, aber es scheint mir doch hier meine Achillesferse zu sein und [ich] rufe mir deshalb beständig zu: ‚Bete und wache' usw." Man sieht gar nicht, warum sich der doch gewiß genug gequälte Mann hier selbst noch mehr quält. Dies ist nur zu verstehen aus den psychologischen Ursachen, welche ihn sogar an der Richtigkeit der von ihm so glanzvoll durchgeführten Entdeckung zweifeln lassen konnten.

So kam denn Mayer im Frühjahr 1852, auf den Rat Zellers hin Lang in Göppingen aufsuchend, zu diesem mit ganz unverhältnismäßigen Selbstanklagen betreffs seiner Sündhaftigkeit und Lieblingssünde, so daß der Geistliche, der offenbar sah, daß er hier gar nichts helfen konnte — und auch aus anderen Gründen — den Schluß zog, es liege eine geistige Erkrankung vor, und danach handelte.

Daß diese religiösen Skrupel pathologischer Natur waren, ergibt sich auch daraus, daß Mayer nach Überstehen der akuten Exazerbationen seines Zustandes nicht wieder zu solchen Ansichten gelangte. Es wäre auch unverständlich, wie er mit derartigen inneren Überzeugungen seine Prioritätsansprüche hätte mit solcher Sicherheit und solchem Nachdruck weiter aufrechterhalten mögen.

IV. Krankheitsanlage und Begabung bei Robert Mayer.

Die Entstehungsgeschichte der Entdeckung. — Die Psychopathologie des Genies. — Die Ansichten der Ärzte über Mayers Entdeckung. — Schaffensbedingungen und abnorme Veranlagung. — Besonderheit der Mayerschen Entdeckung. — Konzeption und Intuition des Mayerschen Grundgedankens. — Genie und Irrsein bei Robert Mayer. — Rückblick.

Lassen wir den chronologischen Gang von Mayers Entdeckung kurz vorüberziehen, so stellt sich dieser etwa folgendermaßen dar.

Der jüngste, eine gute Schulbildung genießende Sohn einer Familie, in der Vater und Brüder lebhafte beruflich-wissenschaftliche Interessen besitzen, und in deren Hauswesen infolge des Vorhandenseins eines Laboratoriums aus geschäftlichen Gründen auch die Nachprüfung und Entscheidung einfacher naturwissenschaftlicher Fragen ermöglicht ist, erhält als zehnjähriger Knabe ein für Anfänger bestimmtes Buch physikalischen Inhalts als Geschenk, das ihn sehr beschäftigt. Es regt ihn zu eigenen experimentellen Versuchen an, welche zu Mißerfolgen führen, deren endgültige Aufklärung, welche wissenschaftlich prinzipiell wichtig ist, einen starken, nachhaltigen Eindruck bei ihm hinterläßt. Die physikalischen Schulkenntnisse werden dem Heranwachsenden in den folgenden Jahren ohne eigentliches Studium oder Arbeit vertraut.

Etwa anderthalb Jahrzehnte später, nach Beendigung von Berufsstudien, die mit dem gedachten Zweige Berührung haben, wird ihm auf einer längeren Seereise eine größere Tätigkeitspause zuteil, in der er, fast ganz abgeschlossen lebend, vorwiegend mit naturwissenschaftlicher Lektüre sich beschäftigt. Eine mit seinen früheren physikalischen Spielereien in Beziehung stehende, als Bemerkung hingeworfene Erfahrung eines alten Seemanns erregt seine innere Teilnahme in erhöhtem Maße. Kurz darauf springt ihm eine ihm in Ausübung seines Berufs zufallende merkwürdige Beobachtung über die Massen in die Augen. Er vertieft sich teils unwillkürlich, teils mit einer gewissen Spannung in das allseitige Verständnis derselben. Dieses führt, wie er allmählich immer deutlicher erkennt, zu einer neuen, sehr wichtigen physikalisch-wissenschaftlichen Erkenntnis.

Während des nächsten Jahrzehnts erfolgt die Ausarbeitung dieser. Sie geschieht in kürzeren, sehr kondensierten Schriftwerken, von denen ein hauptsächliches infolge des Bestrebens, das Interesse weiterer, dem Autor beruflich nahestehender Kreise damit zu gewinnen, einen nur teilweise dem Inhalt entsprechenden Titel trägt. Um diese Darstellungen zu geben, muß er verschiedene Lücken seiner theoretischen Ausbildung nachträglich ausfüllen. Seine Folgerungen erheben sich in mehrfacher Weise weit über das physikalische Gebiet. Seine Schriften wollen „populäre" sein.

Die Aufnahme seiner Ergebnisse ist anfangs im ganzen kühl oder abweisend. Die fast gleichzeitige Bearbeitung des gleichen ursprünglichen Problems auch von anderer Seite ruft lästige Prioritätsstreitigkeiten hervor.

Nachdem der Entdecker verschiedentlich erkrankt ist, schreitet er zu einer Zeit, da die Resultate seiner Forschung an Zustimmung gewinnen, zu einigen Weiterführungen geringeren Umfangs. In der Physik bringt er in späteren Jahren noch eine oder zwei mit der ursprünglichen Entdeckung nicht in direktem Zusammenhange stehende neue Beobachtungen zur Kenntnis.

Im bisher Abgehandelten ist eingehend sowohl von Mayers Entdeckung und seiner gesamten Veranlagung als auch von seinen Krankheitszuständen die Rede gewesen, jedoch mehr in ihren äußeren Beziehungen zueinander. Es bleibt nun noch die Frage übrig, ob nicht etwa auch innere ursächliche, auf mehr als bloßen okkasionellen Veranlassungsmomenten beruhende Verknüpfungen zwischen beiden existieren. Das könnte widersinnig sein, und es klingt auch an und für sich so, indessen ist die Welt der Tatsachen nicht selten wunderbarer und überraschender, als alle menschliche Erdichtung und Phantasie.

Die Vermutung, daß Beziehungen zwischen genialer Leistung und geistiger Erkrankung bei demselben Individuum bestehen können, ist sehr alt. Schon Cicero erwähnt in „De divinatione", daß die Griechen die Gabe der Prophetie, welche von den Römern eben als „Divinatio", göttlichen Ursprungs bezeichnet werde, mit dem Worte „Mantik" belegt hätten, welches von „Mainomai" („ich rase") abzuleiten sei. Cicero lehnt an dieser Stelle die Berechtigung dieser Herleitung ausdrücklich ab. Sehr bekannt ist auch der hierher gehörige ironisch gehaltene Passus des Horaz (Episteln II, 3, 295ff.).

Weiter findet man ähnliche Meinungen ausgesprochen in gelegentlichen Ansichten und Wendungen des alltäglichen Lebens und der schönen Literatur. Es sei hier nur erinnert an den Gemeinplatz vom „verrückten Genie" und an die inspirative Extase der Dichter, die von diesen selbst ganz allgemein dem Rausche oder der Trunkenheit verglichen worden ist.

Alles dies ist aber von jeher immer nur ein kaum begründetes Dafürhalten gewesen. Von wissenschaftlicher Seite sind derartige Gegenstände nie anders als kurz gestreift und nur hin und wieder einmal durch ein flüchtiges Schlaglicht beleuchtet worden. Da unternahm es Mitte der sechziger Jahre des vorigen Jahrhunderts nach mehrjährigen, vielfach unterbrochenen, anfänglich mehr zufälligen Betrachtungen und ausgehend von einer psychologischen Untersuchung über den mittelalterlichen Arzt, Physiker und Philosophen Hieronymus Cardanus Cesare Lombroso, eine kleine Schrift über das Thema zusammenzustellen, welche den Titel „Genie und Irrsinn" trug. Das Werkchen wurde kaum beachtet, wegen seines teilweise verwunderlichen Inhalts, seiner vielfachen Flüchtigkeiten und auf den ersten Blick hin erstaunlichen Schlußfolgerungen belächelt, nach wenigen Jahren vergessen. Doch der Autor ließ sich nicht abschrecken. Er erweiterte seine Studien auf diesem Gebiete immer mehr und gab das Werk „Der geniale Mensch" heraus.

Als Hauptergebnis dieser Arbeiten stellte er die Lehre auf, das Genie sei an sich krankhaft, es gebe eine „Psychose des Genies".

Der Eindruck, den diese Schrift hervorrief, war nachhaltiger, mit seiner letzten Konsequenz erregte aber der Autor fast überall einen starken Widerspruch, der besonders auch durch die ihm eigentümliche, vielfach angreifbare Betrachtungsweise und Beweisführung herausgefordert wurde. Doch hatte das Werk im Laufe der Jahre den Erfolg, eine lebhafte Diskussion über den Gegenstand hervorzurufen, welche den Verfasser wieder dazu veranlaßte, seine Thesen zu verteidigen und weiterzuführen. Er vervollständigte in den folgenden Auflagen sein ursprüngliches Hauptwerk, faßte aber in den neunziger Jahren des vorigen und Anfang dieses Jahrhunderts noch einige andere größere, selbständige Abhandlungen über das gesamte Gebiet ab, in welchen er sich in manchem nicht mehr an seine früheren Sätze hielt.

Lombrosos systematische Tätigkeit in diesen Studien ist immer nur kursorisch gewesen; er konnte nie ein größeres Ganzes bieten, nichts einzelnes bis ins Detail verfolgen. Er hat aber damit den Anstoß gegeben, methodologisch ähnliche Untersuchungen an Einzelbeispielen aus der Kulturgeschichte auch von andern prinzipiellen Gesichtspunkten aus abzufassen, welche alsdann als „Pathographie" in Aufnahme kamen. Bei uns in Deutschland hat P. J. Möbius, der nicht von Lombroso, sondern von der Lehre Magnans ausgegangen war, sich um diese Forschung das meiste Verdienst erworben[1]).

Insofern letztere ein sehr weites Beobachtungsfeld umfaßt und erst noch im Entstehen ist, läßt sich nicht erwarten, daß sogleich fest formulierte, nach allen Seiten übereinstimmende Rückschlüsse daraus gezogen werden konnten. Dennoch lassen sich daraus gewisse allgemeine Ergebnisse schon heute mit einiger Sicherheit ableiten. Der Begriff einer besonderen Psychose des Genies, welcher dem ersten Bearbeiter teils als Brennpunkt, teils als Schema der Forschung gedient und dadurch die besten Dienste geleistet hatte, wurde als zu weit führend als Maßstab von den meisten verlassen. Statt dessen erschien als ein neues Kriterium in der Darstellung die Frage, ob bei außergewöhnlicher Begabung das Auftreten der vererbten neuro-psychopathischen Anlage, von einem Teile der Autoren auch „Entartung" genannt, eine Rolle spiele. Es hat sich nun in der Tat gezeigt, daß diese Disposition nicht selten bei durch ausgezeichnete Leistungen hervorragenden Menschen angetroffen wird. Legt man keinen Wert auf Wortstreit, so wird in dieser Perspektive auch wieder ein großer Teil der älteren Lombrososchen Darstellung verwendbar, welche der Autor übrigens, wie schon gesagt, in der späteren Zeit noch mehrfach modifiziert hatte.

Man muß nun für die weitere Betrachtung der Frage verschiedenerlei sorgfältig auseinanderhalten. Einmal ist es bisher nicht erwiesen, daß das „Genie" an sich etwas Krankhaftes sein müsse. Damit ist freilich wieder nicht gesagt, daß die gepriesenen besonders „harmonischen" großen Geister nervös gesunde Menschen gewesen sein müssen. Zweitens ist es fraglich, ob die besonderen

---

[1]) Vgl. hierzu meine Gedächtnisschrift „Zum Andenken an Paul Julius Möbius", Halle 1907.

geistigen Fähigkeiten oder Leistungen eines Genies überhaupt etwas Direktes mit dem pathologischen Einschlage oder der neuropathischen Disposition zu tun haben. Das wird von einem Teile der Autoren, so auch von Möbius, behauptet. Möbius erklärt sogar bereits die angeborene abnorm starke Entwicklung der „Centren" des Gehirns als „Entartungszeichen". Wir können aber die Konsequenzen dieser Fragen hier beiseite lassen. An und für sich wäre es jedenfalls auch ganz gut möglich, daß hervorragende Anlage und Neurose wenigstens manchmal gewissermaßen rein zufällig nebeneinander auf demselben Boden wüchsen.

Auch darauf kommt es aber für den uns hier beschäftigenden Fall in der Hauptsache nicht an. Wichtig ist es für uns dagegen, daß von den Autoren im ganzen jetzt zugegeben wird, daß geniale Leistung und neuro- bzw. psychopathische Disposition oder Entartung gemeinsame Wesenszüge besitzen können, dergestalt, daß psychologische Eigenarten, welche der letzteren angehören, durch besondere Schattierung oder Ausbildung die geniale Leistung steigern können. So wird z. B. die außerordentlich verfeinerte seelische Empfindungsfähigkeit, welche manche Psychopathen besitzen, wenn die poetische Anlage vorhanden ist, auch die dichterische Gefühlsempfindung vertiefen und so dem Geistesprodukte zu Hilfe kommen.

Da die neuro- oder psychopathische Disposition bzw. die nervöse Entartung die Grundlage abgibt für das leichtere Entstehen nervöser oder psychischer Affektionen, so wird uns das Auftreten solcher bei den manchmal sehr einseitigen geistigen Anlagen, welche für die neuropathische Disposition vornehmlich charakteristisch sind, nicht überraschen, also auch nicht bei den hervorragend Begabten, deren Anlagen oft sehr einseitig sind. Solche pathologischen Intermezzi sind nun gewöhnlich für die geniale Leistung entweder belanglos, nämlich, wenn das Individuum mit zähen Reservekräften weiter zu schaffen sich bemüht, was nicht selten geschieht, oder sie sind dafür direkt nachteilig, wenn letzteres nicht der Fall ist. Daß bevorzugte Geister in glatt pathologischen Phasen einen Zuwachs an ihrem Können erfahren, kann freilich vorkommen, wenn durch leichtere oder beginnende geistige Affektionen psychische Hemmungen weggeräumt werden, welche das völlige Freiwerden der genialen Äußerung bis dahin rein formell verhinderten. Man kann so sagen, daß das Pathologische

an sich, wenn es auch häufig mit dem Genie vereint sich vorfindet, der Gabe oder Leistung nicht eigentlich zugrundeliegt,
daß aber einzelne, den abnormen Dispositionen neben den übrigen
Anlagen entquellende Züge des Individuums jene Leistung
zuweilen zu fördern vermögen, oder daß die hervorragende
Leistung im allgemeinen nicht im Pathologischen wurzelt, daß
sie aber durch gewisse abnorme Kräfte einer pathologischen
Anlage wesentlich unterstützt werden kann.

Zur Zeit, als Robert Mayer erkrankte, war über Beziehungen
oder Zusammenhänge von Genie mit Irrsein oder mit Neurose
so gut wie nichts Näheres bekannt. Lombrosos Veröffentlichung
von 1864 war die erste Studie über diese Gegenstände. Sie wurde
namentlich im Auslande kaum beachtet und erst die achtziger
Jahre brachten das Thema stärker ins Bewußtsein. Da die Kritik
über der vielfach mangelhaften Begründung der Theorie fast
durchweg die Bedeutung des Gedankens übersah, so ist demselben auch zu dieser Zeit noch fast nirgends entsprechend Rechnung getragen worden und erst in letzter Zeit hat man angefangen,
ihm größere Beachtung zu schenken.

Es ist also selbstverständlich, daß die Ärzte zu Mayers
Zeit nicht einmal etwas Annäherndes über einen eventuellen Zusammenhang von Mayers psychischen Störungen mit seinen
Leistungen ahnen konnten. Es ist daher von vornherein wahrscheinlich, daß sie unter diesen Umständen diese Verhältnisse
nicht weiter zum Gegenstand einer besonderen Überlegung machten, besonders da sie ja über die Forschungen Mayers nur noch
ganz ungenügend unterrichtet sein mußten, und zumal die physikalische Fachwissenschaft Mayer noch nicht ausdrücklich anerkannt hatte und Mayers eigene Beurteilung seiner Errungen-
schaften daher für sie nicht maßgebend sein konnte. Gleichwohl
glaubte man nicht ganz daran vorübergehen zu müssen, da
Mayers wissenschaftliche Interessen durch Privatbeziehungen bekannt waren. In Göppingen ist man nun an die Angelegenheit
offenbar sehr behutsam herangetreten. Man wußte hier jedenfalls, um was es sich bei Mayers Forschung in der Hauptsache
handelte (S. 9), enthielt sich aber, als in dieser Beziehung nicht
zuständig, des Endurteils über eine noch nicht spruchreife Sache
und begnügte sich Mayers im Grunde ideale Sinnesrichtung festzustellen.

Im Gegensatz hierzu nicht mehr zu bezweifeln war die außerordentliche Beanlagung und Leistung Mayers zur Zeit seines späteren wiederholten Aufenthaltes in Kennenburg. Damals hatte die allgemeine Anerkennung bereits Mayers Verdienste genügend gekennzeichnet. Aber entsprechend der vollen Unbekanntschaft der damaligen medizinischen Psychologie mit dem Genialitätsproblem beschränkte man sich darauf, jene als gegeben zu betrachten. Es war aber wohl unvermeidlich, daß durch das allgemeine psychologische Urteil auf Grund dieser Tatsache mancherlei besonders Zutreffendes näher gelegt wurde, und so erklärt es sich wohl aus diesen Gründen, daß Mayer für die Kur in Kennenburg auch besonders erkenntlich gewesen ist.

Zeller ist es wiederholt zugefallen das Genie in Winnental zu beherbergen. Der Herbst des Jahres 1844 führte Nikolaus Niembsch von Strehlenau, der damals in Stuttgart wohnte, zu ihm in die Anstalt. Lenau litt an einer zu dieser Zeit noch seltenen und wenig bekannten Geisteskrankheit, der progressiven Paralyse. Das Krankheitsbild ward deshalb nicht sogleich erkannt. Da aber die Aussichten auf Besserung immer mehr schwanden, wurde der Haushalt des Dichters in Stuttgart aufgelöst, sein amerikanisches Besitztum verkauft und er selbst 1847 auf den Wunsch seiner Wiener Verwandten nach der Görgenschen Anstalt in Döbling bei Wien verbracht.

Im Herbst 1849 hatte Zeller dann Hermann Lingg in die Anstalt aufgenommen und wiederhergestellt. Aber dem jungen bayerischen Militärarzt war damals noch nichts davon anzumerken gewesen, daß auch ihn dereinst der Dichterlorbeer kränzen werde. Lingg hatte an einer schweren Neurasthenie gelitten und verließ die Anstalt schon nach wenigen Monaten geheilt. Er ist später gesund geblieben[1]).

An dem Beispiele Lenaus wäre besonders zu der damaligen Zeit nicht viel für die Erkenntnis der Beziehungen zwischen Genie und Irrsein zu ersehen gewesen. Selbst wenn die Krankheitsform sogleich hätte sicher erkannt werden können, hätte doch die erst später erkundete Tatsache, daß die progressive Paralyse eine „exogene" Erkrankung ist, nicht direkt auf einer abnormen Anlage beruht, den Einblick in die Verhältnisse erschwert. Es möge

---

[1]) Hermann von Lingg, Meine Lebensreise. Berlin und Leipzig 1899.

übrigens in Rücksicht auf einige hier berührte prinzipielle Fragen hinzugesetzt sein, daß die abnorme Anlage (psychopathische Disposition) gleichwohl auch in solchen Fällen nicht ganz gleichgültig sein dürfte.

Als Mayer in die Anstalt aufgenommen wurde, befand sich Zeller hinsichtlich der Beurteilung des Patienten zunächst in einer verhältnismäßig günstigen Lage. Die Familie der Schwiegereltern des Kranken wohnte am Ort, war ihm hinlänglich bekannt, gut unterrichtet. Der Kranke war bereits drei Monate lang in einer Anstalt beobachtet worden; es standen ärztliche Zeugnisse zur Verfügung, er hatte auch den Patienten früher schon selbst gesehen und gesprochen. Hinsichtlich seiner ärztlichen Maßnahmen mußte er sich wohl zuerst nach demjenigen richten, was der Vorgänger für notwendig gehalten hatte. Bezüglich der Form der Erkrankung konnten nach allem keine Schwierigkeiten der Diagnose bestehen. Man sah, daß es sich um subchronisch gewordene maniakalische Zustände handelte, welche zunächst wenig remittierten. Man entschied sich dafür, daß das Übel in der Anlage (Familie) begründet sei, daß eine Genesung im vollen Sinne des Worts deshalb vielleicht nicht oder nicht sicher zu erwarten sei, wobei die größere oder geringere Bedeutung dieses Moments speziell für den vorliegenden Fall vorläufig dahingestellt bleiben mußte.

Von der genialen Leistung Mayers enthalten die Winnentaler Quartalsberichte gar nichts. Es geht daraus hervor, daß man dieser Sache, die jedoch bereits aus dem Landererschen Zeugnisse bekannt sein mußte, keine besondere entsprechende Bedeutung beimessen zu müssen glaubte. Dieses Verhalten müßte heute als rückständig bezeichnet werden. Man würde sich jetzt über diesen Punkt Klarheit zu verschaffen suchen. Das kann immer auf Schwierigkeiten stoßen, denn selbst die kompetenten Geister unterschätzen leicht den Debutanten und „von Unbedeutenden bedeutet auch Bedeutendes nicht viel", und um so weniger, je weniger die Produktion in ihrer Tragweite in die Augen springt. Außerdem erscheinen gerade auch hervorragende neue Erkenntnisse oder Fragestellungen häufig abstrus, weil sie nicht selten mit alten, tiefsitzenden Irrtümern kollidieren und diesen Axiomen gegenüber den Eindruck des Widersinns machen müssen. Bei Mayer lag außerdem als die Sachlage erschwerend vor, daß er sich sozusagen von seiner natürlichen wissenschaftlichen Grundlage losgelöst hatte und in ein Gebiet eingedrungen war, woselbst er als Fremdling angesehen werden mußte. Das teilte er nebenbei gesagt mit allen übrigen ersten Bearbeitern des Problems, unter denen sich kein Fachphysiker, Mathematiker oder Astronom befand, denn Carnot und Colding waren Ingenieure, Helmholtz wie Mayer Arzt und Joule ein Bierbrauer.

Es wäre also zur Zeit von Mayers Erkrankung, zumal auch Seyffers Zustimmung eine sehr eingeschränkte geblieben war[1]), trotz aller Bemühungen nicht möglich gewesen, Mayers Leistung abzuschätzen. Das konnte nur die Zeit bringen. Die Geschichte des Genies läßt diesen Sachverhalt fast auf jeder Seite erkennen, und die oft beklagte Undankbarkeit der Mitwelt gegen ihre großen Geister erklärt sich zum großen Teil dadurch, daß diese ihrem hohen Fluge eben nicht sogleich zu folgen imstande ist.

So darf man es auch Zeller nicht zum Vorwurf machen, wenn er dem wissenschaftlichen Verdienste Mayers skeptisch gegenüberstand und dieses zunächst ganz außer acht ließ. Im weiteren Verlauf konnte es aber nicht ausbleiben, daß der Gegenstand zur Sprache kam. In der Manie spielen nun die Wahnideen keine große Rolle. Sie treten hier wohl und zwar in der Form von Größenideen auf, sind aber darin an den pathologisch geschwellten Gefühlshintergrund gebunden und schwinden, wenn die Stimmung zur Norm zurückkehrt. Man kann es sich nun nicht anders vorstellen — und die Vorgänge in Göppingen zeigen es ja (siehe S. 20) — als daß Mayer, wenn auch der Inhalt der dahingehenden Äußerungen entsprechend und zusammenhängend gewesen wäre (und dies konnte trotz der außerordentlichen Meisterschaft auf dem Höhepunkt der Krankheit angesichts der vollkommen pathologischen Umformung des Ideenablaufs, der Ideenflucht, nicht der Fall sein), diese doch in einer deutlich pathologisch qualifizierten Weise getan hat. Jedenfalls konnte, insofern bei der Manie derartige Ideenbildung auftritt, an ein solches Wahnprodukt gedacht werden.

---

[1]) Die zweite These Seyffers bei seiner Habilitation (siehe S. 14) lautete: „Der Übergang von einer Naturkraft in eine andere, wie er aus Anlaß der Bestimmung dieses Zahlenverhältnisses (d. i. des mechanischen Wärmeäquivalents) aufgestellt wurde, ist eine unphysikalische Auffassung".

Dazu kommt aber wohl noch etwas anderes. Mayers spezieller Erkrankungsfall mußte Zeller ganz richtig als ein im ganzen noch einen günstigen Verlauf verheißender erscheinen. Nun kannte er aber aus Erfahrung die üble Voraussicht, die leider gerade manche Formen des Entdeckerwahns bieten, die nicht selten zu geistigem Verfall führen, und wobei die immer wiederkehrende Konstruktion des Perpetuum mobile und der Quadratur des Kreises namentlich früher obenan standen. Es ist also möglich, daß Zeller, wofern er an Wahnbildung dachte, mit Besorgnis auch diese fernere Perspektive in Betracht gezogen hat, besonders, da diese Vorstellungsgruppe vom manischen Stimmungshintergrund sich dauernd als ganz unbeeinflußt erwies und weil diese Sache also zu einer bloßen Manie nicht mehr paßte. Sollte er also den Versuch gemacht haben, Mayer von diesem speziellen Ideengange abzubringen, so kann dies nur aus dem Bestreben entsprungen sein, diese die definitive Wiederherstellung des Kranken für ihn weit mehr in Frage stellende besondere Schädlichkeit, wenn möglich, noch zu beseitigen. In der älteren Psychiatrie hielt man solche Versuche nicht für aussichtslos. (Siehe hierzu J. Chr. Reil, „Rhapsodien über die Anwendung der psychischen Kurmethode auf Geisteszerrüttungen", Halle 1803, und Griesinger, erste Auflage des Lehrbuchs, 1845.) Heute weiß man, daß der Kranke, wenn sie Erfolg zu haben scheinen, lediglich dadurch veranlaßt worden ist, seinen Wahn vor dem Arzte geheim zu halten, zu „dissimulieren".

Zeller war also gar nicht in der Lage das physikalische Problem sicher nachprüfen zu lassen. An welche Kompetenz hätte er sich wenden sollen? Und war nicht der wunderliche Streit, den Mayer seit Jahren mit einem Bierbrauer führte, der in seiner Heimat mit seiner Erfindung ebensowenig Seide spann, und die ganze andere bunte Gefolg- und Gegnerschaft untergeordneter Existenzen, die damals gar kein wissenschaftliches Ansehen hatten und von denen noch niemand namhaft war, nicht geeignet, ihn mit leicht begreiflichem starken Mißtrauen zu erfüllen? Mit der Aufrichtigkeit, die der sachkundigen Behandlung der Geisteskranken immer zur Grundlage zu dienen hat, hielt Zeller es für das Richtige, dem Patienten dies nicht vorzuenthalten. So würde es sich erklären, wenn eine Äußerung gefallen sein sollte des Inhalts, Mayer habe die Quadratur des Zirkels gesucht (Mitteilungen Mayers

an Lang nach Weyrauch (Mechanik der Wärme, S. 308), Dühring). In diesem Zusammenhange lag aber kein Grund vor, sich darüber zu ereifern, wie Fernerstehende etwa glauben könnten, wenn
auch früher der Arzt dort, wo er sich dem Kranken gegenüber ab-
lehnend verhalten mußte, dies manchmal stärker betonte, als es uns
heute notwendig und zweckmäßig erscheint. Hört doch der Arzt
in der Anstalt jeden Tag auch so vieles und so verschiedenartiges
an Wahngebilden, daß derartige Produkte an sich bald gar keinen
besonderen Eindruck mehr auf ihn ausüben. Vielmehr ist es
durchaus Laienart, sich über dergleichen zu entrüsten oder, was
beim Nichtpsychiater leider das gewöhnliche ist, zu lachen.
Will man also den Arzt wegen seiner Anschauung, die er sich in
Mayers Falle gebildet hatte, des Fehlers zeihen, daß er Mayers
Verdienst nicht erkannt hat, so ist es derselbe, den ganze Epochen
und ganze Nationen immer und immer wieder mitunter gerade
gegen ihre verdientesten und aufopferndsten Söhne sich vorzu-
werfen haben. Und mit Stolz kann gerade die Psychiatrie, der
Zeller angehörte, von sich sagen, daß sie es war, die die Initia-
tive ergriffen hat, um dieses trauervolle Unrecht, das fast durch
die ganze Geschichte hindurchgeht, einzuschränken, denn wenn
wir heute in manchem im bündigen Absprechen über die Leistung unserer Nebenmenschen etwas zurückhaltender geworden
sind, so verdanken wir dies in erster Linie der Unermüdlichkeit
Cesare Lombrosos und der nachfolgenden Bearbeiter der
Psychologie und der Biologie des Genies.

Bezüglich Zellers ist der Irrtum, in den er in dieser Hinsicht verfiel, als nicht weniger bedauerlich zu bezeichnen, als
er es für Mayer gewesen ist. Denn gerade Zeller, der früh erkannt
hatte, daß der Psychiater möglichst das ganze menschliche Leben
überblicken müsse, da er besonders und dringlicher als andere in
die Lage kommen müsse, sich in die verschiedensten und gerade
oft in die in ungewöhnlichen Verhältnissen befindlichen Naturen
hineinzuversetzen, hatte mehr als andere hierzu getan, da er
unterstützt durch ansehnliche Talente in seiner Studienzeit besonders vielseitige Kenntnisse und einen großen Horizont sich anzueignen gesucht hatte. Und daß ihm dies in weitem Umfange
geglückt war, geht daraus hervor, daß auf ihn von fernerstehender
Seite das Wort angewendet werden konnte, er habe es verstanden
„Allen alles zu sein“ (Flemming, l. c.). Wenn auch ein solcher

Mann fehlgehen konnte, so beweist dies nichts anderes, als die Unzulänglichkeit menschlichen Strebens und Könnens überhaupt.

Zeller war nicht apodiktisch. Als er in den Anstaltsberichten von den Kurresultaten spricht (l. c. Bd. XXIV, Nr. 38), fährt er bei der Bemerkung, daß unter dem Begriff „Geheilt" nicht immer das gleiche zusammengefaßt werden könne, fort: „Und doch gibt es für die Welt keinen andern greifbaren Punkt über die Leistungsfähigkeit einer Anstalt als solche Zahlen; die Selbstkritik aber, die ein gewissenhafter Arzt fort und fort in ernstester Weise zu üben hat, zu der ihm der kontrollierende und heilsame Einfluß der Äußerungen seiner Kranken jeden Augenblick die eindringlichste Belehrung gibt, da die leisesten Mißgriffe urplötzlich auf ihn selbst zurückfallen oder auf lange Zeit seine heilsamen Einwirkungen auf seinen Kranken verkümmern, sie gehört nicht vor die Öffentlichkeit, und doch bildet für den Besucher einer Anstalt, der tiefer in die Eigentümlichkeit eines einzelnen Institutes eindringen will, gerade dieser Punkt und die Wechselwirkung, in der der leitende Arzt mit seinen Kranken steht, die Angel, um die sich insgeheim und offenbar das innerste Leben der einzelnen Anstalt bewegt."

Zeller war also auf dem richtigen Wege gewesen, als er in jungen Jahren gestrebt hatte, seine Vorstellungswelt universeller zu gestalten, als es durch seinen engeren Beruf allein möglich und für diesen geboten gewesen wäre. Wie angemessen dies ist, springt heute besonders ins Auge, da Theorie und Praxis gleichzeitig den Arzt besonders darauf hinweisen, sich nicht nur unter den Armen im Geiste, sondern auch auf den Höhen des verschiedensten Wissens und künstlerischen Fühlens in seiner Art einzupassen, denn die Anlässe zum psychischen Versagen mehren sich heutzutage durch die Steigerung der Anforderungen und sie treffen oft gerade die feinen Köpfe. So kann sich der Arzt dieser Aufgabe jetzt nicht mehr entziehen, wenn anders er seiner Bestimmung auf die Dauer gerecht bleiben will. Vor solchen Schwierigkeiten aber, wie sie Zeller zu Mayers Zeit noch zufallen konnten, schützt ihn heute in weitem Umfange das von Lombroso begonnene Werk.

Fragen wir nun, welches im einzelnen die auffälligen seelischen Elemente sind, die sowohl im allgemeinen in der psychischen Verfassung Mayers als insbesondere in bezug auf sein intellektuelles Leben ins Auge springen, so wird man folgendes sagen können.

Die hervorstechendste psychische Besonderheit Mayers ist ein heftiges, leidenschaftliches Naturell, eine rasch und intensiv emporschnellende allgemeine Erregbarkeit. Diese jähe und zähe Affekttiefe, welche zuzeiten stärker ins Pathologische übergehend, auch den Hauptnährboden für seine Erkrankungen abgab, bezeichnete zugleich einen vorwiegenden Zug seiner psychopathischen Konstitution. Wir haben Grund anzunehmen, daß sie auch in ruhigeren Zeiten sich nicht ganz gleichblieb, sondern gleichfalls in minderem Maße etwas periodisch verlief.

Qualitativ sind von den besonderen gefühlsmäßigen habituellen Regungen Mayers zu nennen ein früh entwickeltes, jedoch nicht dogmatisches religiöses Empfinden, ein lebhaftes Familiengefühl und ein mächtiges Interesse für das physikalisch-mechanische Verständnis der Dinge, sowie ein großer Drang, nach allen Seiten hin originell geschaute Mitteilungen zu geben von dem, was ihn beschäftigte, ein großes Bedürfnis sich auszusprechen. Aus diesen hauptsächlichen Anlagen mußten seine späteren Konflikte im Leben hervorgehen. Ehrgeizig war er von Hause aus nicht.

Die hauptsächlichsten formalen Äußerungen seiner gesteigerten Gefühlstätigkeit zeigten sich als Depressions-, als Begeisterungsaffekt, als aufbrausendes Wesen und namentlich, nachdem er im Leben trübe Erfahrungen zu machen angefangen hatte, als Gereiztheit und Mißtrauen. Wenn das Gefühlsleben bei Mayer schon unter gewöhnlichen Verhältnissen stärkere Stimmungsschwankungen zeigte, so nahmen seine Äußerungen zu ungünstigerer Zeit leicht eine extreme Färbung an. So zeigte er bei seiner lebhaften religiösen Empfänglichkeit in der Psychose Versündigungsgedanken, in weniger bewegten Zeiten wenigstens erhöhte Skrupel wegen vermeintlicher Verbreitung „materialistischer Sätze", weiterhin in der mehr geschwellten Stimmungsphase dagegen eine gewaltige und unaufhaltsame Suade bezüglich seiner Forschung, welche besonders im Verein mit seinen sonstigen Krankheitszeichen die Umgebung besorgt machen und ängstigen und daher ebenfalls nach außen als Abnormität des Geisteslebens erscheinen konnte.

Auf rein intellektuellem Gebiete zeigte er zunächst eine erhöhte Versatilität bei verhältnismäßig sehr starkem psychischem Nachdruck. Er faßte rasch und gut auf, konzentrierte sich intensiv und andauernd auf seinen Gegenstand, ließ sich nicht leicht davon ablenken, war bei seiner geistigen Tätigkeit in der Richtung seiner Anlage kaum zu ermüden, haftete hier dergestalt an seinem Denkstoff, daß er in diesen versenkt, selbst über das Interessanteste und Fremdartigste der Außenwelt mit der größten Gleichgültigkeit hinwegsah. Dazu kam eine große Leichtigkeit in der Reproduktion, ein mächtiges Gedächtnis für alles, was ihm dienen konnte, und weiter eine gewaltige Kombinationsgabe, welche ihn mit dem feinsten und sichersten Spürsinne auf die verborgensten und merkwürdigsten Beziehungen der Dinge führte. Und weiter verband sich damit ein starker Drang, in den Kausal- und Schlußreihen nach allen Seiten weit auszufahren, im Zusammenhang aller Betrachtungen die letzten Ursachen und die letzten Wirkungen einzuschließen, für alle Ausblicke den ihm ausgedehntesten Horizont zu schaffen. Wir werden gewiß nicht fehlgehen, wenn wir auch in dieser Tätigkeit für sein Werk, in dem drängenden Wogen seines Gedankens, der die Ketten des gefesselten Menschengeistes mit Riesenkraft zu sprengen trachtete, der abnormen psychischen Erregung einen großen Anteil einräumen, in dieser die innere Wirkung dessen erblicken, was nach außen als sein Enthusiasmus für die Sache selbst und andere Dinge zutage trat.

Es ist freilich selbstverständlich, daß diese bloße Erregung allein das große Werk nicht hätte hervorbringen können. Dies konnte nur geschehen, wo sich treffliche Geistesgaben, vielseitige Kenntnisse, ausgezeichnete formale und individuelle geistige Schulung schon vorfanden, aber es läßt sich wohl sagen, daß es mindestens sehr fraglich gewesen wäre, ob diese Vorbedingungen allein genügt hätten. Wir neigen daher der Ansicht zu, daß diese innere periodische Erregung dem Entdecker den größten Teil seines anfänglichen Interesses und seiner Vertiefung und Ausdauer hinsichtlich seines Problems, sowie vielleicht auch seiner Kampfesfreudigkeit im Streite um die Geltendmachung des Gedankens verliehen hat.

Mayer übte seine intellektuelle Tätigkeit schon in der Jugend als Selbstzweck, ersann eigene Spiele, welche er fallen ließ, wenn ihm das Hauptprinzip dazu klar geworden war. Später kultivierte er die schwierigsten in der Gesellschaft üblichen Spielunterhaltungen bis zu den größten Feinheiten.

Schon in der Jugend zog er in seiner temperamentvoll sprunghaften Art im Gespräch gern die entferntesten Konsequenzen, welche für die langsameren und nüchternen Geister ganz außerhalb des Bereiches des Gegenstandes zu liegen schienen. Den Zug, auf Dinge zu kommen, welche anderen als nicht zur Sache gehörig erschienen, hat er noch im späteren Leben recht charakteristisch gezeigt. Wenn er übrigens in der Schule auf Gebieten, für die er keine besondere Anlage hatte, oft unzutreffende Antworten gab, so kann dies auch leicht daran gelegen haben, daß er in seiner Art in der Frage des Lehrers mehr suchte, als darin lag.

Gemäß dem starken Interesse, welches er für die jeweilige intellektuelle Beschäftigung aufbrachte, konzentrierte er sich immer sehr auf seinen Gegenstand. Sein Hang zur intellektuellen Tätigkeit war überhaupt so intensiv, daß er, wenn er sonst nicht in Anspruch genommen war, in gewöhnlichen Zeiten beinahe immer absorbiert, nachdenklich erschien.

Trotz seiner außerordentlichen Begabung im einzelnen waren Mayers Anlagen für einen bahnbrechenden Geist eigentlich wenig universell. Als Naturforscher verließ ihn seine Kompetenz im allgemeinen, wenn er sich über das physiologisch-chemisch-physikalische Gebiet hinausbegab, so in der Biologie und den vergleichenden beschreibenden Naturwissenschaften. Er hatte gar keinen Sinn für irgendeine Kunst, ausgenommen die Poesie, ebensowenig für das Philosophische, für die Entwicklung des menschlichen Geisteslebens, für Metaphysik. Nur wo diese Gebiete sich seinem besonderen Gesichtskreise stärker näherten, hatte er auch hier gute und treffende Gedanken darüber.

Seine pathologischen Zustände haben seine wissenschaftlichen Leistungen nicht geschädigt, da er alle seine Schriften ungemein sorgfältig durcharbeitete. So ist kein Zeichen seiner Erkrankung aus diesen ersichtlich. Geschadet hat ihm in seiner Forschung vielleicht anfangs die popularisierende Form seiner Darstellung, da er damit die exklusiven fachwissenschaftlichen Kreise befremdete, ferner der Überschwang seiner Begeisterung, mit der er sich mit den verschiedensten Elementen über seine wissenschaftlichen Probleme unterhielt, was bei dem geringen Interesse der meisten für derartige Dinge vielfach einen wunderlichen Eindruck hinterließ. Seine religiösen Skrupel haben ihn wohl geplagt, aber sie haben ihn im Abschluß seiner Resultate dennoch nicht im geringsten beeinflußt. Seine eigentliche Krankheit selbst hat ihn zunächst insoweit behindert, als er dadurch, sei es infolge der stärkeren Erregungssteigerungen, sei es in den Zeiten der Depression, zur Arbeit unfähig wurde. Auch waren Erlebnisse und Schicksal später nur zu sehr angetan, ihn unlustig und ungeeignet zum Schaffen zu machen[1]). Die Ereignisse haben aber das Werk nicht beeinträchtigt, er hat es wie andere echte Genies gleichwohl zu Ende geführt.

Seine Prioritätsstreitigkeiten haben den leicht und nachhaltig erregbaren Mann auch aus folgendem Grunde besonders angegriffen. Seine Entdeckung des mechanischen Wärmeäquivalents und ihrer Konsequenzen war nicht nur ein sehr hohes, sie war auch gleichzeitig sein erstes und eigentlich einziges wissenschaftliches Verdienst. Das war besonders schlimm für ihn. Während andere Forscher und Literaten oft mehrere, wenn auch einander benachbarte Gebiete bearbeiten und das einzelne für sie in dem Maße an Wert verliert, als ihre anderen Werke fortschreiten, war für Mayer die Nichtanerkennung seiner Ansprüche sozusagen gleichbedeutend mit seiner wissenschaftlichen Vernichtung. Es stand offenbar mit Mayers Anlage im Zusammenhang, daß er nur dieses einzige wissenschaftliche Objekt bearbeitend und knapp, aber außerordentlich sorgfältig niederlegend keine Muße behielt für andere Probleme, unähnlich der Schaffensart anderer Denker, die sich mehr extensiv betätigen und die nur hier und da genauer

---

[1]) Wenn Mülberger sagt, es habe ihm geschienen, als ob der geistige Inhalt seines Daseins in seiner späteren Zeit bei Mayer keine organische Einheit mehr gebildet habe, sondern nur noch ein bloßes Vielfaches, ein Nebeneinander von Ideen, in denen das gemeinsame geistige Band gelockert gewesen sei, so muß man ihm antworten, daß auch nicht alle ausgezeichneten Geister all ihr Besitztum zu jedem Augenblick parat haben, daß manche von ihnen oft erst suchen müssen, was sie gleichwohl sicher innehaben und daß sie dabei sogar zuerst fehlgreifen können. Es liegt dies eben an der Schaffensweise, und diese war ja bei Mayer auch immer so gewesen, daß er aus einem gewaltigen Materiale nur mit großem Aufwande kleine, aber wundervolle Kabinettstücke herstellte, eine Arbeitsweise, die bei seiner Anlage wahrscheinlich gerade für ihn die günstigste Disposition darstellte. Wenn Mülberger weiter sagt, Mayers Gedanken seien schön und tief gewesen, es wäre ihm aber ungemein schwer gewesen, einen bestimmten Gedankengang festzuhalten, so sieht man sofort, daß dies sehr gut zu demjenigen paßt, was an Mayers eigentümlichem Geistesleben schon in seiner Jugendzeit aufgefallen war. Es ist verständlich, daß sich dies dem Arzt unter den obwaltenden Umständen um so mehr von der rein pathologischen Seite aufdrängte.

zufassen, so daß sie oft erfreut sind, wenn ihnen andere ihre Einfälle zur Weiterentwicklung abnehmen, Gedanken, die oft recht verschiedenwertig sein können und ihrem Urheber wegen der Flüchtigkeit ihrer Konzeption auch häufig fast ganz gleichgültig bleiben. Im Gegensatze hierzu hatte Mayer alles an seiner Entdeckung sozusagen mit seinem Herzblut erkauft. Dazu kam, daß er nach dieser Leistung nicht mehr erwarten durfte, daß ihm auch nur ein entfernt ähnlicher Wurf wieder glücken werde. Aus diesem Grunde mußte ihm alles, was seine Autorschaft betraf, immer sehr nahe gehen. Daß er die Gabe besaß, auch auf andern physikalischen Teilgebieten mit Erfolg zu arbeiten und zu beobachten, zeigt sein Versuch über die usurierende Adhäsion der Luft am Kupfer. Aber was er auch immer Neues in Angriff nehmen mochte, es mußte gegen die Entdeckung des mechanischen Wärmeäquivalents gehalten für ihn verbleichen wie der Mond vor der Sonne.

Rein psychologisch betrachtet erscheint aber die Ausschließlichkeit der Mayerschen Forschung, die Beschränkung auf die allerdings sehr vollendete Entwicklung e i n e s Gedankens, einigermaßen auffällig. Sie möchte leicht in der ärztlich-psychologischen Beleuchtung an die „überwertige Idee" erinnern. Auch dies konnte in einer Zeit, in der man der „Monomanie" immer noch besondere Bedeutung beilegte, Aufmerksamkeit erregen[1]).

In diesem Zusammenhange darf man freilich auch nicht vergessen, daß es eine arge Untugend und Ungerechtigkeit des Menschengeistes ist, von demjenigen, der einmal Außerordentliches geleistet hat, nicht nur unaufhörlich·neue Wunder und Wohltaten zu verlangen, sondern es ihm sogar noch als Schuld anzurechnen, wenn er dieser ungeheuerlichen Erwartung nicht entspricht.

Wie schon oben berührt, möchte Ostwald die den autobiographischen Aufzeichnungen entlehnte Erinnerung Mayers an die Konstruktion des Perpetuum mobile auf dem Pfühlbach in seiner Kinderzeit nicht mit der Entdeckung in Verbindung bringen, da „es eine naheliegende Auffassung des Entdeckers sei, daß seine

---

[1]) Mayer hat sich nach M ü l b e r g e r einmal, als die Rede auf A. v. H u m b o l d t kam, geringschätzig über diesen geäußert, da er das Mayersche Gesetz nicht gekannt habe. Er entschuldigte sich aber nachträglich mit den einigermaßen bezeichnenden Worten: „Wissen Sie, ich zehre von meinem Kapital."

große Tat irgendwie in der Kindheit verankert sein müsse, aber seine Briefe und sonstigen Schriften ließen nicht die geringste Spur dieses späteren Gedankens erkennen". Diese Begründung erscheint nicht ausreichend, denn es handelt sich ja nicht um eine bewußte grobe Verknüpfung. Wenn andere Entdecker und auch Mayer selbst diesen Sachverhalt für möglich halten, so sollte man doch meinen, daß er zu beachten sei. Es ist ja damit nicht gemeint, daß die Anregung zur Entdeckung direkt dadurch gegeben ist, sondern zunächst nur die Möglichkeit zu dieser, wie eine Staffel, ein Präliminar dazu. Mehr hat wohl auch keiner der Selbstbeobachter sagen wollen.

Gerade im Falle Mayers scheint die Sache aber sogar ausgesprochener zu liegen. Auch De St. Robert, der Präsident der Turiner Akademie, dem Mayer zur Zeit seiner Ernennung zum Mitgliede eine kleine Autobiographie zustellte, ist dieser Ansicht. Er äußert sich über diesen Gegenstand folgendermaßen[1]):

„Seit seiner Kindheit zeigte der Knabe einen abwägenden Verstand. Am Flußufer seines Heimatlandes, wo er meist seine Erholungsstunden zubrachte, begann er, in den Anblick der Mühlenwerke versenkt, zuerst über die schwierige Frage der Kräfte nachzusinnen. Er hat uns selbst gesagt, daß er mit neun oder zehn Jahren die großen Mühlen am liebsten mit seinem ganz kleinen Rade hätte treiben mögen und zwar vermittels einer Schraube ohne Ende, um die Kraft zu steigern und gleichzeitig ein System von Zahnrädern anwendend, um die Geschwindigkeit auszugleichen. Aber er überzeugte sich bald durch die Beobachtung des Tatsächlichen sowohl als durch das Studium seines physikalischen Handbuches für die Jugend (Poppes physikalischer Jugendfreund, Wien 1815), das ihm der Vater geschenkt hatte, daß man an Zeit verliert, was man an Kraft gewinnt, und daß das Perpetuum mobile widersinnig ist.

„Unsere Jugendeindrücke dringen tief in unseren Geist ein, sie schlagen dort fest Wurzel, bekommen Bedeutung und ohne unser absichtliches Zutun gruppieren sich alle unsere späteren Beobachtungen um sie her. Die in frühem Lebensalter in unsern Geist gesenkten Gedankenkeime gewinnen meist im Laufe des späteren Lebens einen großen Einfluß auf unsere Ideenwelt.

---

[1]) Principes de Thermodynamique, 2. Auflage. Turin und Florenz 1870, S. 452.

„Die Ergebnisse des Nachdenkens, zu denen der jugendliche Mayer unter diesen Umständen gelangen mußte, um den Irrtum zu gewahren, in den er verfallen war, haben nun eine beständige Nachwirkung auf seine Denkweise ausgeübt und ihn zu der gewaltigen Entdeckung vorbereitet, welche er später so rühmlich durchführen sollte.

„Gewöhnlich betrachtet man die Unmöglichkeit des Perpetuum mobile als eine Folge des Grundprinzips der Mechanik. Man kann jedoch hierin auch ein klares und einfaches Grundprinzip selbst erblicken, welches hauptsächlich lediglich besagt, daß man Kraft weder erschaffen noch zerstören kann. Ich brauche hier den Ausdruck Kraft im populären Sinne ‚Arbeitsleistung‘, ein Begriff, von dem meiner Ansicht die Wissenschaft sich besser nicht hätte ganz trennen sollen.“

Nach dieser Darstellung kann man also annehmen, daß unter Mayers Gedankenoperationen zur Zeit seiner ersten Vertiefung in das Problem die Einsicht „Kraft läßt sich weder erschaffen noch vernichten“ bereits aufgetaucht sei, daß er also dieses Gesetz gewissermaßen schon damals kannte. Er rekognoszierte nur zu dieser Zeit seinen Wert noch nicht, hatte noch keinen Begriff von der Wichtigkeit des Satzes und seiner Bedeutung, wenn er einmal konsequent verfolgt und in das Zentrum des gesamten Ideenkreises gestellt war. So mußte sozusagen erst die Rangordnung, der absolute Wert der Dignitäten ermittelt werden und in diesem theoretischen Disponieren bestand dann die hauptsächliche Leistung Mayers, der ja auch ganz vorwiegend von der Spekulation ausgegangen war, im Gegensatze z. B. zu Joule. Und wenn auch bei ihm zuletzt der Versuch das Werk krönte, so geschah dies doch in einer mehr ergänzenden Form, die ein treffendes wieder gegenüber Mayer geäußertes Wort Griesingers bewahrheitete, daß nämlich die guten Gedanken auf die guten Versuche führen. Das bloße assoziative Vorbeipassieren der Wahrheit hat also jedenfalls erst wenig mit der genialen Tat zu schaffen gehabt. Jene selbst lag übrigens in diesem unscheinbaren Gewande im Denkbereich vieler und ist ohne Zweifel vorher schon in andern Köpfen als schlichte Vermutung oder gelegentliche „Ansicht“ aufgetreten.

Eine solche Anregung wird auch oft durch ein Buch allein ausgeübt. Dies ist ja auch ganz und gar die Ansicht Ostwalds, welcher ausdrücklich auf die große Rolle hinweist, welche beliebige Bücher häufig im Gegensatze zum Schulunterricht auf die Entstehung nachhaltiger Gedankengänge ausüben (siehe Ostwald, „Große Männer").

Man muß sich vorstellen, daß zum vollwichtigen bewußten Fortschreiten eines Motivs zur Bearbeitung eines Gedankens häufig verschiedenartige und öftere solche Anregungen gehören. Die Entdeckung dringt gewissermaßen in Etappen vor. Häufig entspringt sie oder wird unterstützt durch eine fesselnde Bemerkung von irgendeiner Seite, die einem einmal gefaßten wissenschaftlichen oder künstlerischen Interesse konform ist[1].

Bei Mayer ergibt sich ebenfalls ein besonders bezeichnender ähnlicher Vorfall, nämlich die von dem alten Steuermann hingeworfene Bemerkung, daß nach Seestürmen das Meerwasser immer wärmer sei.

Die Anregung zur Forschung durch einen momentanen Sinneseindruck dagegen scheint ein Zeichen dafür zu sein, daß die Vorbereitung des Gedankens im Unterbewußten schon ziemlich weit vorgeschritten, der Ort des Durchtritts des genialen Ideentrosses ins Oberbewußte schon sehr fest umschrieben ist. Bei Mayer ist dieser Zeitpunkt gegeben durch die Beobachtung, daß das Venenblut der eben angekommenen Europäer in den Tropen dem arteriellen in der Färbung ähnlich ist. Seit diesem Augenblick war er eigentlich dauernd bewußt um seine Entdeckung beschäftigt. Die Ähnlichkeit mit der Auffindung der Pendelgesetze durch Galilei, die durch den Anblick der im Winde hin und her schwingenden heiligen Lampe im Dom zu Pisa veranlaßt wurde, ist hier ganz augenfällig. Gelegentlich kann übrigens auch ein augenblicklicher Sinneseindruck einen bereits in bewußter Entwicklung befindlichen Gedankengang durch irgendeine besonders drastische, dem Beobachter sich aufdrängende Bestätigung direkt abschließen.

Es ist selbstverständlich, daß alle solche weittragenden Konsequenzen nur möglich sind, wenn die betreffenden Eindrücke auf ein entsprechend organisiertes und durch reichliche Bahnungen vorbereitetes Gehirn einwirken. Dies hat auch Lombroso betont: aber man sieht doch wieder nicht, wie es anders mit dem großen

---

[1] Siehe hierzu C. Lombroso, Über Entstehungsweise und Eigenart des Genies. Schmidts Jahrbücher der gesamten Medizin 1908. Die Übersetzung ist vom Verfasser dieses.

Gedanken hätte werden sollen. Solche äußere Umstände haben ihn in Verbindung mit der lebhaften und nachhaltigen Erreglichkeit vom jugendlichen Alter ab bei Mayer eben herausgebracht.

Über die Authentizität des Eindrucks hinsichtlich des geringeren Unterschiedes der Färbung des arteriellen und venösen Bluts, den Mayer bei dem Aderlaß in den Tropen empfing und auf den er die Anregung zu der nun folgenden Entdeckung zurückführt (psychologisch gesprochen kann es sich freilich hier höchstens um die letzte Anregung dazu handeln) sind später Zweifel geäußert worden. So berichtet Daffner („Das Wachstum des Menschen", 2. Aufl. 1902), Mayer habe diesen Hergang Voit erzählt, Voit habe aber von anderer Seite gehört, Mayers Beobachtung sei keine augenfällige und andere hätten nichts dergleichen bemerken können. Nun hat Mayer selbst zugegeben, daß das fragliche Verhalten des Bluts beim Aderlaß in den Tropen nicht konstant ist. („Die organische Bewegung" usw.) Weiter kommt aber in Betracht, daß wohl möglich ist, daß Mayer mit seiner ungemein scharfen auf die Sache eingestellten, affektiv durch sein großes Interesse verfeinerten Aufmerksamkeit bereits Färbungsdifferenzen vermerkt hat, welche anderen nicht als ungewöhnlich oder beweisend erschienen.

Mayers Beobachtung war wohl auch wachgerufen durch seine Bekanntschaft mit einer Stelle aus dem „Handbuche der menschlichen Physiologie", Tübingen 1801 (Teil 1, S. 312, § 513) seines von ihm hoch verehrten Lehrers J. F. Autenrieth, wo es heißt: „Auch beim Menschen nähert sich das Venenblut im Sommer an hellerer Röte dem Arterienblut." Mayer erinnert in diesem Zusammenhange auch an die veränderten Verhältnisse von Blutfärbung und Eigentemperatur beim Kaltblüter, beim Winterschlafe, beim Fötus u. a. m. Bezüglich des weiteren Verhaltens der Blutfärbung, der sekundären Dunkelfärbung des Arterienbluts (s. S. 46), worauf Mayer die fahle Farbe der in den Tropen akklimatisierten Europäer zurückführt, ist hinzuzufügen, daß die daselbst lebenden Europäer großenteils keine fahle, sondern eine stark gebräunte Hautfarbe besitzen, besonders die Jäger, Pflanzer, Seeleute, eben jene Kolonisten, welche sich den Strahlen der Tropensonne im vollen Maße auszusetzen pflegen. Dagegen zeigen diejenigen Angehörigen der weißen Rasse blasse oder fahle Gesichtsfarbe, welche sich der direkten Bestrahlung der Sonne sehr sorgfältig entziehen, also zumeist die nicht zum Aufenthalt im Freien genötigten Frauen und Kinder (P. Schmidt, „Anpassungsfähigkeit der weißen Rasse an das Tropenklima", Archiv für Schiffs- und Tropenhygiene, XIV, 1910, S. 460). Die gewöhnliche blaßgelbe Färbung vieler Europäer ist jedenfalls nicht auf Anämie zurückzuführen (Scheube). Fahle Verfärbung der Haut beim Europäer in den Tropen kann allerdings in manchen Fällen auf Blutzerfall (Malaria, Schwarzwasserfieber) oder anderen Erkrankungen beruhen (Dysenterie, Anchylostomum).

Im ganzen würde sich jedenfalls an Mayers Entdeckung und an ihrer Geschichte nichts ändern, wenn er bezüglich dieser formell allerdings sehr wichtigen Einzelheit von einem Irrtume, einem Mißverständnisse oder einer Selbsttäuschung ausgegangen sein sollte und auch dies könnte der Fall sein. Wir haben aber keinen Grund dies anzunehmen. Mayer hat das gedachte Moment, auf dem die Entdeckung ja nicht allein beruht, jederzeit und überall ausdrücklich betont. Er erwähnt es mehrfach in seinen autobiographischen Aufzeichnungen, wiederholt in dem Briefwechsel mit Griesinger, in der „Organischen Bewegung", in den „Bemerkungen über das mechanische Äquivalent der Wärme", er stellt in dem Bericht und Brief an die Pariser Akademie vom Oktober 1848 ausdrücklich fest, daß er das Gesetz 1840 zu Surabaja erkannt habe, er hat diesen Hergang ferner überall und immer wieder erzählt, der ganze Verlauf des Freiwerdens des Gedankens gleicht demjenigen, wie er sich in ähnlichen Fällen darstellt. Wir haben deshalb genügend Veranlassung zu der Annahme, daß seiner Beobachtung gewisse Tatsachen zugrunde gelegen haben werden, wenn wir uns auch vorläufig nicht sicher darüber äußern können, welche ganz bestimmten Faktoren dies gewesen sind.

Robert Mayer ist einer der nicht seltenen genialen Menschen, welche in Geisteskrankheit verfallen sind. Diese zeigte sich bei ihm in zwei Anfällen von manisch-depressivem Irrsein am Ausgange des vierten Lebensjahrzehntes, von denen der erste beim vollen Ausbruche sogleich zu einem Unglücksfalle führte, der zweite im ganzen etwa zwei Jahre währte. An diesen schlossen sich im Laufe der nächsten 20 Jahre noch wenigstens drei kürzere, je ein bis gegen vier Monate dauernde weitere, leichtere Erkrankungen derselben Art. In den Zwischenzeiten zeigte der Entdecker die Merkmale einer neuropathischen Konstitution, speziell eine konstitutionelle oder hypomanische Erregung, welche sich im ganzen jedoch nicht progressiv gestaltete.

Über das gegenseitige Verhältnis von außergewöhnlicher Begabung und Erkrankung ist nun folgendes zu sagen.

Es ist zunächst ganz selbstverständlich, daß die eigentliche Geisteskrankheit nicht die Ursache der genialen Leistung sein konnte, denn es war eine schwere Erkrankung, welche den Patienten vollständig arbeitsunfähig machte und ihn vom Zusammenleben mit Nebenmenschen und Familie ausschloß. Trotzdem der Kranke im ganzen eine gute formale Erinnerung dafür behielt, hat ihm diese Zeit für seine wissenschaftlichen Zwecke nicht das geringste brauchbare geliefert und hätte es auch gar nicht gekonnt, da in ihr der Ideenablauf wesentlich krankhaft und teilweise schwer verändert war. Aus demselben Grunde ist es auch ausgeschlossen, daß die Erkrankung an sich für die Leistung in irgendeiner Weise oder Nebensache förderlich gewesen ist, ganz abgesehen davon, daß die Entdeckung bereits in der Hauptsache abgeschlossen war, als das Leiden ausbrach.

Auch abnorme äußere pathogene Einflüsse kommen nicht in Betracht. Mayer, der in seiner günstigen Zeit „trinkfest" war, hat in Kennenburg seinen Pfleger Ruoff bei einer Gelegenheit gefragt, ob er glaube, er habe seine wissenschaftlichen Arbeiten in ganz nüchternem Zustande zuwege gebracht und hinzugefügt, da hätte er immer Anregung gebraucht. Diese Äußerung aus dieser Zeit ist wohl ein manisch angehauchter Scherz. Mayer vertrug den Alkohol in schlimmen Zeiten schlecht genug[1]), wenngleich

---

[1]) Mülberger sagt (Frankfurter Zeitung, 23. Jan. 1879), Mayer sei sehr geneigt gewesen, im Übermaß zu trinken. Gewiß ist, daß auch Mayer den Trinksitten der Zeit huldigte (s. Weyrauch, Kleinere Schriften, und H. Rohlfs, l. c.). Die stärkeren Exzesse hingen aber wohl hauptsächlich mit der Krankheit zusammen (s. S. 25).

In diesem Zusammenhange ist auch folgender Zug nicht ohne Interesse. Bei dem Besuche Rohlfs' bei Mayer erörterte dieser mit ihm das Thema von der „Auslösung". Dazu rauchte Mayer sehr lebhaft, ließ aber zeitweise, vom Gespräch abgelenkt, die Zigarre ausgehen. Dabei warf er das eine Mal hin: „Auch das Rauchen ist für mich nichts als eine Art ‚Auslösung' ". Letztere Äußerung weist ziemlich deutlich darauf hin, daß Mayer wenigstens zeitweise auch ein „nervöser Raucher" war.

er ihm die Depression in solchen hin und wieder auch ohne größere Übelstände erleichtern mochte. Etwas wirklich für seine Arbeit geleistet hat ihm der Alkohol natürlich niemals.

Eine andere Frage ist die der ursächlichen Bedeutung der abnormen konstitutionellen periodischen Erregbarkeit. Einmal kann man letztere in gewissem Sinne als die Quelle seiner psychischen Erkrankung bezeichnen, insofern diese nämlich in der Hauptsache durch die besonders hohen und langgestreckten Gipfelkurven jener dargestellt wurde, zu welchen in einigen Fällen auch gewisse äußere Schädlichkeiten beigetragen haben. Das Genie Mayers wurde jedoch auch durch diese psychische Abnormität noch nicht bedingt. Es gibt viele Menschen, die ähnliche Erregungssteigerungen erfahren, ohne daß sie dadurch in Stand gesetzt werden, etwas Hervorragendes zu prästieren, wenngleich nicht wenige davon in solchen Phasen schon unternehmungslustiger, witziger, ausdauernder, geschäftiger werden können, als sie es sonst gewöhnlich sind. Wohl aber hat folgendes vorgelegen.

Die konstitutionellen, unterwesentlich pathologischen, hochgespannten, jedoch noch adäquat abgestuften nervösen Erregungswellen stimulierten durch die periodischen psychischen Anstöße die Tätigkeit der natürlichen ausgezeichneten, gleichfalls angeborenen intellektuellen und charakterologischen Anlagen Mayers. Sie weckten frühzeitig und erhielten in den Jugendjahren das ungemeine Interesse, sie steigerten später die Wahrnehmungs- und Aufnahmefähigkeit in der Richtung seiner Anlage, sie schärften das Gedächtnis, sie erhöhten die Beweglichkeit der Gedankengänge und verfeinerten die Ideenverknüpfung, sie stärkten endlich seinen Mut, seine Ausdauer und seine Treue im Verfolgen der von ihm als ihm obliegend erkannten Aufgabe. Es ist nicht anzunehmen, daß Mayer, der ohne genügende Vorbildung war, dem nur geringe Hilfsmittel zu Gebote standen und der den maßgebenden Kreisen fast ganz fern blieb, auf dem seiner Berufstätigkeit entlegenen Gebiete seines Vorhabens in dieser Weise Meister geworden wäre, wenn ihm seine angeborenen abnormen Erregungszustände nicht einen großen Kraftzuwachs gewährt hätten. In diesem Sinne war Mayer ganz gewiß ein pathologisches Genie.

Die hypomanische Anlage ist als eine außerordentliche Kraftquelle anzusehen. Schon der durchschnittlich begabte sachkundige Mensch leistet, wenn er von dieser inneren Spannung, die gleichwohl gleichzeitig ihren Träger beständig gefährdet, angefeuert wird, oft Erstaunliches, sowohl in der Quantität als in der Qualität: Geschäftsleute arbeiten für drei, Künstler übertreffen sich selbst. Um wieviel stärker muß sich eine solche Wirkung entfalten können, wenn der Betroffene ein außergewöhnlich begabter Geist ist. Bei solchem Zusammentreffen wird dann leicht das Ungeahnte wirklich. Dies ist bei Robert Mayer der Fall gewesen.

Wir haben also in der hypomanischen Veranlagung oder konstitutionellen Erregung einen bedingungsweise „geniogen" wirkenden Faktor vor uns. Er disponiert immer zum Ausbruch eines manisch-depressiven Irreseins. Kraepelin ist der Ansicht, daß unter den klinisch bestimmbaren Geisteskrankheiten großer Geisteshelden das manisch-depressive Irresein das häufigste ist.

Mayer hat die seltene Gabe, die ihm zuteil geworden war, teuer genug erkaufen müssen. Wenn er in seiner temperamentvollen Art auch niemals in Betracht gezogen hat und sich gewiß dagegen selbst verwahrt hätte, daß seine Leistung mit seiner wechselnden Gesundheit irgendwie in Zusammenhang stehen könne, so ändert dies doch nichts daran, daß es so gewesen ist. Die Krankheit selbst hat ihm freilich nur geschadet; sie hinderte ihn in späterer Zeit am gedeihlichen Fortschreiten, das Bewußtsein seiner Erkrankung deprimierte ihn mitunter und diese begleitenden Umstände störten seine natürliche Lebensfreude und warfen ihre Schatten voraus, was bei seinem ausgesprochenen Stimmungsnaturell sich doppelt geltend machen mußte.

Gewiß war er mit seiner ungewöhnlichen Anlage auch seltener sublimer Empfindungen teilhaftig geworden. Es ist wohl kein Zweifel, daß er im rauschartigen Genusse seines Geistes im hypomanischen Strome des Gedankens und in den Extasen des Naturerkennens zugleich auch Schauer eines Glücksgefühls kennen gelernt hat, die wenigen Sterblichen zu erfahren vergönnt ist, wenigstens solange er jung und unbefangen war. Später konnten ihn Ehrungen und Auszeichnungen in weit reicherem Maße erfreuen, als es manchem anderen ähnlich Hochverdienten beschieden war. Ist ein solches Dasein zu preisen gewesen? Im höchsten Maße lebenswert war es gewiß, aber würde jeder von uns es wählen, wenn es ihm anheimgestellt würde?

Wir haben im Vorstehenden Mayer durch sein irdisches Geschick begleitet. Wir haben gesehen, daß er goldene Früchte, aber auch die Last eines Familienerbes zu tragen hatte, Geist, Herzensgüte und starken Willen, dazu hohen Sinn, Stolz, große Ehrfurcht vor dem Unerforschlichen, Drang zu Aufrichtigkeit und Wahrheit, Sorgfalt und Ausdauer in der Tätigkeit erhalten hatte, daneben Mängel, die im Vergleich mit diesen Vorzügen wenig genug zu bedeuten schienen, Ungeduld, heftiges Wesen, Eigenwillen, leichte Verletzlichkeit. Bedenklicher zeigten sich bei dem Heranwachsenden die krankhaften Keime, die in ihm ruhten: nach innen dunkle Angstgefühle, nach außen Wunderlichkeiten.

Dem ins Leben tretenden schien ein freundliches Los beschert zu sein. Er durchzog die Welt, er fand ein Liebesglück, am meisten aber bewegten ihn die mechanischen Wunder der Schöpfung und es gelang ihm, innerste Triebfedern des Kosmos herauszuerkennen, die vor ihm noch niemand geschaut hatte. Da wandte sich das Feuer, das ihn durchglühte und ihm leuchtete, ihn selbst zu verzehren. Die Flamme wurde beschworen, doch war ihre Spur nicht wieder völlig zu tilgen.

Wenn auch die innere Spannung ihn die Strapazen seines Geistes auf eignem und auf fremdem Gebiet besser überwinden ließ, so verbleibt gleichwohl das Verdienst der Entwicklung seiner Persönlichkeit dem Entdecker ungeschmälert. Gewiß hatte er vortreffliche Gaben schon in der Anlage mitgebracht, aber dieser günstige Boden gestattete ihm lediglich den Plan seiner Individualität ungestört und ohne Widerstände auszubreiten und abzustecken. Später hat ihn der innere Sturmwind wohl zeitweise über Klüfte und Klippen fortgetrieben, aber das alles hätte ihm für seine Aufgabe wenig geholfen, wenn er nicht auch sonst kenntnisreich und tätig, aufwärtsstrebend und wahrhaft, treu und großherzig gewesen wäre, und wenn er nicht mit diesen Eigenschaften an einen Platz gelangt wäre, von dem aus die große Erkenntnis für die Menschheit eben reif zu werden anfing. Wohl genoß er in jüngeren Jahren Förderung durch die gewaltigen Antriebe, welche sein Talent und sein Pathologisches oft gleichzeitig nährten, aber daß er ein hochsinniger Mensch gewesen ist, das steht nicht in psychologisch schlechthin greifbarem Zusammenhange mit diesen Einwirkungen. Wie unabhängig sein ethisches Gepräge davon geblieben ist, erhellt am besten aus der Zeit der einsetzenden schweren Krankheitszustände. Hier zeigte er sich bis zum Ende gewissermaßen mit der letzten Kraft sich noch an seinen Mast klammernd von der idealistischen Seite, solange bis die Wogen über ihm zusammenschlugen.

Eine Besonderheit seiner Forschung, die Mayers Anerkennung zu Lebzeiten sehr erschwert und lange verzögert hat, wird nunmehr seine Gestalt noch höher über seine Zeitgenossen hervorwachsen lassen. Das Theoretisch-Vage, stark Abstrakte des Mayerschen Gesetzes mußte der fast ausschließlich praktisch interessierten Menge lange Zeit zunächst gleichgültig und unverständlich bleiben. Um so imposanter erscheint nun aus der Entfernung die allgemeine immer mehr zutage tretende Bedeutung, welche es heut für die Natur- und Weltbetrachtung gewonnen hat: so wird Mayers Lorbeerreis immer frisch bleiben, solange es eine Wissenschaftsgeschichte gibt.